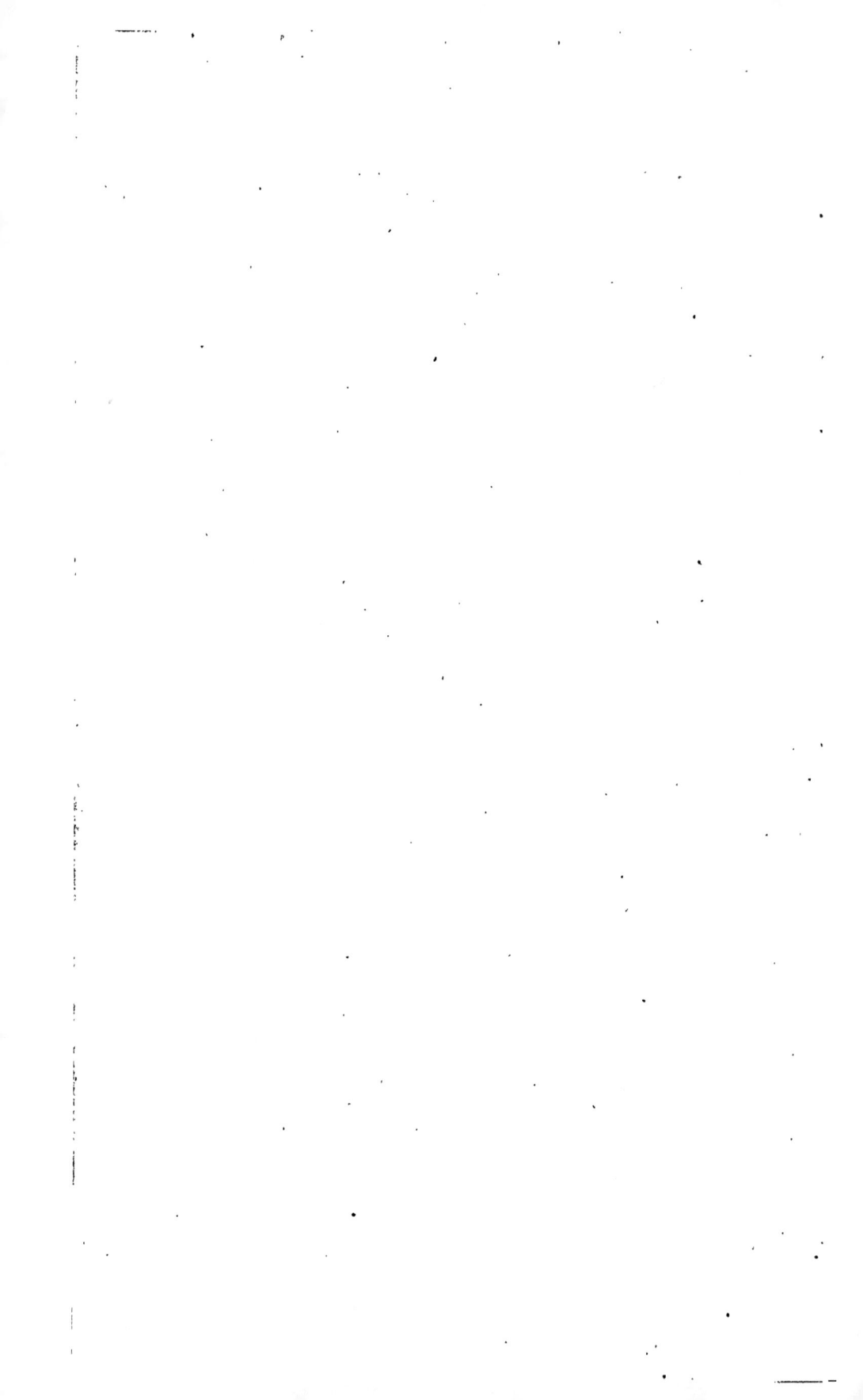

APERÇU

SUR

LA PROPRIÉTÉ DE LA SOURCE THERMALE SULFUREUSE

DE

Sᵀ-SAUVEUR,

Par A. FABAS fils,

Docteur-Médecin.

TARBES,

IMPRIMERIE DE F. LAVIGNE.

— 1847. —

APERÇU

SUR

LES PROPRIÉTÉS DE LA SOURCE THERMALE SULFUREUSE

DE

S^t- SAUVEUR.

Les ouvrages que nous possédons sur les eaux ther-
males sulfureuses, parlent si superficiellement des
vertus de chacune d'elles, qu'il est presque impossible
à un médecin qui n'a pu observer les résultats qu'on
obtient par leur usage, de savoir sur quelle source
il doit de préférence diriger les malades, et il se
trouve ainsi privé d'un agent thérapeutique dont il
retirerait d'immenses avantages[1].

Ayant par ma position eu la facilité d'observer
les effets produits par les eaux de St-Sauveur, et pu
consulter le recueil de ceux observés par mon père,
médecin-inspecteur de cet Établissement depuis plus
de vingt ans, j'ai entrepris ce travail, dans lequel
je tâcherai de déterminer les cas pathologiques qu'on
peut combattre par leur usage.

Ce n'est pas par la connaissance des différents corps

---

[1] M. Patissier, dans son excellent ouvrage sur les eaux minérales,
parle des vertus des diverses sources sulfureuses; mais il est à regretter qu'un
auteur, qui, par le rang élevé qu'il occupe dans la science, aurait presque
imposé son opinion, n'ait pas établi des caractères plus tranchés entre leur
mode d'agir, et par suite démontré leurs spécialités.

qui concourent à la formation des sources minérales sulfureuses qu'on peut toujours se rendre compte de leur mode d'action. La chimie nous a presque démontré qu'elles sont le résultat de la combinaison de telles et telles substances. Un composé de ces divers ingrédients, dans les proportions semblables à celles obtenues par l'analyse, devrait donner un agrégat jouissant des mêmes propriétés que celui que nous fournit la nature : les bains préparés dans les laboratoires produiraient par conséquent les mêmes effets que ceux des sources.

Qu'observe-t-on pourtant sur l'usage des bains artificiels de Baréges tant employés aujourd'hui? Un seul praticien pourrait-il produire une cure opérée par ces derniers, presque miraculeuse et pareille aux nombreuses qu'on obtient chaque année dans cet Établissement thermal des Pyrénées, dont on veut avoir trouvé la contrefaçon? Le chimiste doit encore ignorer la vraie composition des eaux sulfureuses. Quelque chose échappe à ses investigations, et ce quelque chose il ne pourra jamais le remplacer dans ses préparations.

Et de plus, ne faut-il pas accorder une certaine influence aux gaz qui se dégagent des eaux naturelles; ces gaz, si le préparateur pouvait les produire dans les eaux artificielles, comment en provoquerait-il le dégagement analogue à celui qui se fait dans les eaux naturelles, et, par suite, de manière à ce qu'ils pussent agir sur les parties du sujet qui se baigne?

La vertu que les sources sulfureuses doivent à la présence des gaz, les eaux sulfureuses artificielles ne peuvent la posséder, pas plus que les naturelles qui, lorsqu'elles ne jouissent pas d'une température assez élevée, doivent être chauffées avant de les employer.

A l'appui de cette action qu'il faut attribuer aux gaz, sans égard pour leur composition et en tant que gaz seulement, je reproduis un passage de l'ouvrage de mon grand-père [1], où il parle de la manière d'agir de ces corps, qu'il appelle vapeurs sèches. Après avoir cité les désordres qu'ils causeraient s'ils étaient absorbés, il dit :

« Leur effet n'a donc lieu que sur la surface du » corps ou celle de la partie exposée à leur action : » ce sont des émanations, ou plutôt un souffle qui » s'étend en tout sens, qui frappe le corps et dis- » paraît pour être remplacé par d'autres. De ce » choc toujours renaissant, de ce brossement léger, » mais continuel, résulte une impression de mou- » vement sur les houppes nerveuses : celles-ci sont » titillées, agréablement agacées, et communiquent » leur état d'excitement au reste du système, d'a- » près les lois connues de l'éconnomie animale. »

L'analyse nous a démontré la présence des mêmes corps constituants dans les eaux sulfureuses des Pyrénées : faut-il, d'après cela, attribuer leur variété d'action à la disproportion parfois si minime de ces mêmes

---

[1] Observations sur la source thermale de St-Sauveur par Fabas, inspecteur, 1808.

corps, ou bien à la différence de température? Il serait certainement absurde d'établir une dissimilitude
totale entre tous les effets produits par chacune d'elles;
il faut leur accorder des propriétés communes à un
degré d'activité plus ou moins fort, mais il ne faut
pas leur refuser une certaine spécialité que l'observation à révélée, et dont le raisonnement chercherait
en vain la cause. Voilà probablement pourquoi on
trouve beaucoup de médecins qui leur refusent toute
vertu plus spéciale à l'une qu'aux autres, et qui con-
seillent aux malades, de quelque nature que soit leur
affection, l'usage d'une source quelconque; d'autres
qui leur prescrivent des bains à prendre dans deux,
trois ou quatre établissements thermaux, pendant quinze
jours dans chacun. C'est ainsi qu'il arrive parfois qu'un
malade, esclave de l'ordonnance de son médecin, aban-
donne une source, dont il commençait à ressentir les
effets salutaires, pour une autre qui lui est souvent
contraire. Et le discrédit des sources dont il a fait usage, et qui lui étaient mal prescrites, est la seule chose
qu'il rapporte lorsqu'il va retrouver son médecin.

Le seul moyen pour guider un praticien serait d'é-
tablir des règles à peu près fixes, qui pussent faire
connaître dans quels cas il doit ordonner à ses malades, d'abord telle classe d'eaux sulfureuses, et, dans
cette classe, telle source plutôt que telle autre. Ces
règles, je crois, se trouveraient sans difficulté, si
chaque médecin-inspecteur ne voulait faire des eaux
qu'il dirige, le remède à tous les maux qui affligent
l'humanité.

N'ayant eu la faculté d'observer que les effets produits par les eaux de Baréges et de St-Sauveur, j'énoncerai plus loin deux principes qui me semblent pouvoir servir à caractériser la généralité des cas pathologiques auxquels elles conviennent l'une ou l'autre. L'action des deux sources connue, on est réellement surpris comment des praticiens, même distingués, ordonnent parfois les bains de Baréges, et après ceux-ci les bains de St-Sauveur, ce qui est un contresens évident.

St-Sauveur, ses Eaux, etc.

St-Sauveur est un petit bourg situé à l'angle occidental du triangle formé par la petite plaine de Luz : son élévation est de 770 mètres au-dessus du niveau de la mer. Il ne comprend qu'une seule rue formée par deux rangées de maisons : les unes adossées contre la montagne d'où jaillit la source, les autres suspendues, pour ainsi dire, au-dessus du Gave de Gavarnie, qui roule à une profondeur de 250 pieds environ.

On ne sait trop à quelle époque rapporter la découverte de la source de St-Sauveur. Bien avant la construction d'un établissement, les habitants de la vallée, qui semblaient avoir pour ses eaux une certaine prédilection sur celles de la source de Baréges, se baignaient dans une espèce de piscine, pour mieux dire, de réservoir creusé dans le roc où elles venaient se jeter. Les magistrats de la vallée, témoins des cures opérées, firent enfin construire des cabinets de bains fort incommodes et en très-petit nombre; car, à cette époque, toute leur attention était tournée vers Baréges, dont la réputation était déjà faite.

Long-temps encore ces baignoires ne reçurent d'autres malades que les Barégeois. Il fallut la cure de l'abbé de Bézégua, professeur de l'Université de Pau, pour que les eaux de St-Sauveur acquissent une réputation capable d'appeler des étrangers.

Atteint depuis long-temps de souffrances continuelles à la région des reins et sur le trajet des urétères, l'abbé de Bézégua, s'était rendu à Baréges, où il espérait que les eaux triompheraient de sa maladie. Mais ses douleurs étant devenues plus intenses dès les premiers jours qu'il en fit usage, il descend à Luz, et de là il se fait porter à St-Sauveur pour prendre des bains qui, en peu de temps, le soulagèrent considérablement, et finirent même par le délivrer de son affection néphrétique. Reconnaissant et enthousiaste, il écrit un mémoire sur la vertu Lithontriptique de cette source sulfureuse; il prône partout le résultat inespéré qu'il a obtenu; et c'est depuis cette époque que nous avons vu, chaque année, un plus grand concours de baigneurs, et des maisons magnifiques s'élever pour les recevoir.

L'établissement thermal de St-Sauveur ne possède qu'une seule source qui fournit 144 mètres cubes d'eau dans les 24 heures. Elle alimente une douche, seize baignoires et une buvette. L'eau en est claire, limpide, onctueuse au goût et au toucher. Lorsqu'on l'expose à l'air, il se fait un dégagement considérable de gaz, et elle finit par perdre son odeur et sa saveur; ce dégagement de gaz est d'autant plus considérable qu'on la puise plus près de l'endroit où elle jaillit. Prise au griffon, elle présente presque de l'effervescence.

La sensation de matière grasse qu'elle produit au toucher est occasionnée par la grande quantité de barégine ou glairine [1] qui s'y trouve en suspension. C'est cette matière qui doit aussi lui donner cette vertu tempérante qu'elle possède à un si haut dégré.

Je ne puis m'empêcher de parler ici d'un phénomène physique assez surprenant que j'ai trouvé consigné dans l'ouvrage de mon grand-père, et dont l'explication ne peut se donner, comme il l'a fait, qu'en supposant que cette matière organique, répandue en si grande quantité dans les eaux de St-Sauveur, fasse que ces dernières se comportent de la même manière que le liquide oléagineux.

« Les eaux minérales, dit-il, perdent à l'air libre » plus ou moins vite leurs principes volatils, à pro- » portion du calorique qui les anime; ainsi les eaux » les plus chaudes à la source sont celles qui se vo- » latilisent le plus tôt : d'après quelques expériences, » une bouteille d'eau de la douche de Baréges, ex- » posée à l'air libre, est sans goût et sans odeur quel- » ques minutes avant celle de St-Sauveur soumise à

---

[1] Matière organique dont la composition est inconnue, et qui se présente sous forme de flocons grisâtres.

» la même épreuve. Il est encore certain que cette
» dernière, quoique moins chaude que celle de Ba-
» réges, se refroidit plus lentement que celle-ci. »

Les eaux de St-Sauveur, pendant longues années,
n'ont presque été employées qu'à l'extérieur. Mon
père lui-même, ayant adopté les idées de ses prédé-
cesseurs, ne les ordonnait que bien rarement à l'intérieur, les premières années de son inspection. La
raison qu'on n'employait pas l'eau de cette source en
boisson, n'était autre que la difficulté, parfois l'impossibilité qu'éprouvent la généralité des malades pour
la digérer. Cette difficulté d'où provient-elle? Est-ce
sa température qui est trop élevée et trop basse en
même-temps? L'eau autrement a une condition qui
doit faciliter la digestion : elle est très-gazeuse. Ou bien
est-ce la grande quantité de barégine qu'elle contient?
Que ce soit l'une ou l'autre de ces circonstances, ou
mieux les deux réunies, l'expérience a démontré qu'on
peut cependant accoutumer l'estomac à sa présence
sans trouble aucun, et parvenir insensiblement à lui
en faire opérer la digestion. Pour atteindre ce but,
il faut la prescrire coupée avec du lait ou une tisane
appropriée, et en quantité porportionnée à la difficulté de digestion qu'éprouve le malade lorsqu'il la
prend pure.

A l'extérieur, les eaux de St-Sauveur s'emploient
en bains, douches, injections et lotions comme celles
des sources sulfureuses en général.

Avant la reconstruction de l'Établissement, on ne comptait à St-Sauveur qu'une douche et une douzaine de bains qui portaient les noms de bains de la Châtaigneraie, de Bézégua, de la Chapelle et de la Terrasse. Aujourd'hui il n'y a plus de distinction, mais on a cependant emménagé l'eau de manière à retrouver les diverses températures des anciens compartiments.

Avant l'année 1830 encore, époque de laquelle date le nouvel établissement, on ne possédait à St-Sauveur qu'un appareil de douche, composé comme ceux qu'on trouve partout, d'un robinet simple, auquel on pouvait adapter des allonges dont les formes varient suivant qu'on veut modifier le jet de l'eau. Cet appareil, qui sert à administrer les douches qu'on appelle descendantes, a été conservé jusqu'à ces dernières années ; mais on l'a tout-à-fait abandonné, les résultats qu'on en obtenait dans les mêmes cas pathologiques ne différant pour ainsi dire pas de ceux qu'on obtient du choc de l'eau coulant par les robinets des baignoires.

Les heureux effets qu'on obtenait des injections faites dans le bain même à l'aide de seringues donnèrent l'idée des avantages qu'on pourrait obtenir d'un autre appareil connu qui sert à donner des douches qu'on appelle ascendantes. Pour les injections à faire dans le vagin ou le rectum, lorsqu'ils sont le siége de certaines affections, il a un avantage incontestable sur tous les instruments dont on pourrait se servir, en ce que, comme dans ceux-ci, on peut non-seulement varier l'intensité du jet, mais obtenir encore un jet continu et toujours uniforme, la force d'impulsion étant constamment la même. Cet appareil est formé d'après le principe des vases communiquants. Il se compose d'un cylindre creux en cuivre, armé d'une clef de robinet à sa partie supérieure. La longueur de ce tube est de $2^m 2^c$. Il part du niveau de la source, descend perpendiculairement jusqu'au sol, où il se recourbe à angle droit; il mène l'eau d'une hauteur de $1^m 75^c$; la partie qui vient après la courbure est parallèle au sol; à son extrémité, recourbée encore à angle droit, se trouve un pas de vis auquel s'adaptent des allonges en cuivre de formes très-variées. Pour faire les injections vaginales, et rectales on se sert de canules en gomme élastique.

Analyse et comparaison
des Eaux de Baréges et de St-Sauveur.

Le résultat de l'analyse de ces deux sources faite par Longchamp [1], donne par litre,

CELLE DE BARÉGES :		CELLE DE ST-SAUVEUR :	
Azote	0,004.	Azote	0,004.
Sulfure de Sodium	0,042,100.	Sulfure de Sodium	0,025,360.
Sulfate de Soude	0,050,040.	Sulfate de Soude	0,038,680.
Chlorure de Sodium	0,040,050.	Chlorure de Sodium	0,073,598.
Silice	0,067,826.	Silice	0,050,740.
Chaux	0,002,902.	Chaux	0,004,847.
Magnésie	0,000,344.	Magnésie	0,000,242.
Soude Caustique	Traces.	Soude Caustique	0,005,201.
Barégine	—	Potasse caustique	Traces.
Ammoniaque	0,208,364.	Barégine	—
		Ammoniaque	0,195,638.

[1] Annuaire de 1831.

D'après ces analyses, on voit que les substances qui concourent à la formation de l'eau de ces deux sources, sont identiques, avec une certaine différence de proportion. La température de la source la plus chaude de Baréges est de 42° centigrades; celle de la source de St-Sauveur est de 34° 50 centigrades.

N'ayant pas d'autres données, quelle opinion se formerait un médecin? Pourrait-il se figurer leur variété d'action? Supposerait-il qu'un malade obtient par l'usage de l'une un bien considérable, parfois presque instantané, tandis que, par l'usage de l'autre, il obtiendra des effets lents, nuls, parfois même il aggravera son état; et cela dans le même genre d'affections? Les sujets atteints de rhumatismes chroniques, d'affections herpétiques anciennes, si avantageusement traités par les eaux de Baréges, offrent assez souvent des cas contre lesquels celles-ci sont impuissantes, alors que celles de St-Sauveur en triompheront très-facilement [1]. Aussi je ne saurais trop le répéter, combien de malades après deux, trois mois de séjour aux bains sans amélioration notable dans leur état, partent d'un établissement thermal déçus de leurs espérances, lorsque le voisin les eût guéris peut-être, mais toujours considérablement soulagés.

Des faits semblables, qui sont malheureusement trop souvent répétés, nous démontrent que les médecins devraient, comme lorsqu'ils veulent employer

---

[1] Les eaux de Baréges contiennent cependant une plus grande quantité de matières sulfureuses que celles de St-Sauveur, et le soufre est regardé comme le principe agissant contre ce genre d'affections.

tout autre agent thérapeutique, consulter la constitution, le tempérament, l'âge de l'individu, et, d'après cet examen, choisir la source qui leur semblerait le mieux en rapport avec lui. Cette conduite serait certainement adoptée si on ne voulait absolument regarder les eaux comme un moyen curatif tout-à-fait illusoire : idée préconçue, erreur que les résultats détruiront; car, aujourd'hui, nous voyons déjà des malades sérieux dans les établissements qu'on considérait primitivement sous le point de vue seul des distractions qu'on y trouvait.

Les règles que je déduis des observations que j'ai pu faire sur les effets des deux sources qui nous occupent, sont en général, quelles que soient d'ailleurs les affections :

Un individu à fibre lâche, chez lequel la lymphe prédominera, obtiendra de bons résultats à Baréges;

Un individu, au contraire, à fibre serrée, et chez lequel l'élément nerveux prédominera, aura tout à espérer des eaux de St-Sauveur.

Propriétés reconnues aux Eaux de St-Sauveur.

Il ne suffit pas, pour caractériser les diverses propriétés des eaux sulfureuses, de dresser une statistique exacte de tout les cas de guérison auxquels elles ont contribué; il faut accorder aussi dans un grand nombre de cures, leur part aux conditions hygiéniques que présentent presque tous les établissements thermaux des Pyrénées. L'air, la nourriture, les promenades, les émotions agréables que provoque l'aspect du pays, tout est médicamenteux, surtout pour les malades qui viennent des grandes villes. St-Sauveur est sans comparaison l'établissement le plus heureusement situé sous tous les rapports, et où l'hygiène trouve par conséquent le plus d'éléments réunis. Aussi voit-on de bons effets rapides, souvent inespérés, produits chez les sujets dont la constitution est ruinée, et qui se trouvent dans un état de faiblesse tel qu'on craint parfois de les soumettre même à l'action des bains.

Non-seulement tout ce qui entoure les malades, mais encore les eaux paraissent, dans ces cas, jouir d'une vertu tonique et stimulante très-favorable. Chaque jour, en effet, les médecins du pays ordonnent les bains de St-Sauveur, et en obtiennent les plus heureux résultats, lorsque, après une grave et longue maladie, les organes du sujet, considérablement affaiblis, ne peuvent plus fonctionner avec une énergie proportionnelle aux besoins du convalescent. Depuis le peu de temps que j'exerce la médecine, j'ai toujours conseillé ces bains à mes malades convalescents; je n'ai pas encore eu à m'en repentir. Il faut cependant une surveillance de tous les jours et très-circonspecte de la part du médecin.

Le cercle des maladies cédant à l'action seule des eaux sulfureuses est assez restreint. Ces dernières ne doivent être souvent regardées que comme un se-

cours accessoire qu'on associe avantageusement à
d'autres remèdes appropriés. Parfois aussi elles dis-
posent simplement les organes à recevoir, à élabo-
rer convenablement un médicament qui, sans leur
concours, n'eût pas été supporté ou n'aurait peut-
être pas produit d'effet salutaire.

Mais, pour caractériser les propriétés d'une source
sulfureuse, il ne faut avoir égard qu'aux effets, qui
provoquent seuls, sans le secours de l'art, la guérison de certaines maladies, quels que soient l'âge,
le sexe, le tempérament des malades. L'observation
seule a su révéler ces propriétés; et les résultats produits par les eaux de St-Sauveur prouvent qu'elles
sont :

1° Vulnéraires détersives;

2° Savonneuses fondantes;

3° Dépuratives;

4° Diurétiques;

5° Lithontriptiques;

6° Antispasmodiques toniques.

(Cette division a été établie par mon grand père).

N'ayant d'autre but que celui de faire connaître
les vertus particulières à la source de St-Sauveur, je
ne traiterai pas une à une les diverses propriétés qu'on
lui a reconnues et que nous venons d'énumérer. Il en
est, parmi elles, certaines que possèdent les autres
sources sulfureuses, et qui se présentent dans celle
qui nous occupe avec un dégré d'activité plus faible
que dans bien d'autres, que dans celle de Baréges
surtout.

Toutes les eaux sulfureuses sont vulnéraires, fondantes, dépuratives. Sous le rapport de ces dernières propriétés, il est des observations curieuses, des effets produits par celles de St-Sauveur, mais pas de remarquables, de surprenants même, pareils à ceux qu'on a pu observer à Baréges. Il n'est pas, en effet, de source qui jouisse, comme cette dernière, de cette supériorité de vertu chaque fois qu'il s'agit de blessures, de désordres occasionnés par des coups de feu, d'ulcères, de fistules et autres lésions résultant d'un vice scrofuleux, chaque fois qu'il faut déterminer une inflammation locale intense ou établir un travail éliminatoire.

Mais cette activité même des eaux de Baréges nous démontre le danger qu'il y aurait à les employer dans des cas d'ulcérations ou autres lésions externes chez des sujets qui ont une disposition inflammatoire, une sensibilité excessive du système nerveux. Lorsque les malades présentent l'une de ces constitutions, les eaux de St-Sauveur doivent être préférées. La vertu tempérante qui les caractérise fait qu'elles ne risquent pas d'établir des désordres qui pourraient devenir funestes. De plus, elles seront toujours bien indiquées dans les lésions internes comme les engorgements de certains viscères tels que le foie et la rate, les inflammations chroniques des muqueuses. Parmi ces dernières surtout, nous trouvons les bronchites, maladies souvent fort difficiles à guérir, et contre lesquelles les eaux de St-Sauveur agissent si avantageusement que tous les auteurs d'ouvrages sur les eaux minérales leur ont accordé cette spécialité. Les sujets atteints de gastro-entérites chroniques, affections si rebelles, trouvent parfois aussi leur guérison à St-Sauveur.

Propriétés particulières aux Eaux de St-Sauveur.

Elles sont lithontriptiques et antispasmodiques-toniques. La vertu lithontriptique est reconnue aux eaux de St-Sauveur d'une manière incontestable. La grande variété de composition des calculs urinaires m'empêchera cependant de citer, à l'appui, des observations convaincantes pour ceux qui n'ont pu voir par leurs propres yeux. Celles que je reproduirai me paraissent incomplètes, attendu qu'elles ne donneront pas l'analyse chimique des matières pulvérulentes et petits graviers rendus par les malades; et on ne peut pas admettre que ces eaux aient la propriété de dissoudre un calcul, ou de détruire la cohésion des molécules qui le composent, quelle que soit sa nature. Il reste, par conséquent, une étude fort importante à faire à ce sujet, et indispensable pour bien traiter de la vertu lithontriptique de cette source. Néanmoins nous essaierons de donner l'explication des cas observés que nous citerons plus loin.

L'affection calculeuse n'est pas la seule maladie des organes génito-urinaires avantageusement traitée par les eaux de St-Sauveur. Dans toutes les lésions provenant du défaut de tonicité, elles seront toujours bien indiquées. Les effets qu'elles produisent chaque jour prouvent qu'elles ont une action favorable toute spéciale sur ces organes. Les femmes surtout, chez lesquelles les troubles des fonctions de l'appareil génital sont si fréquemment la cause déterminante de désordres dans le reste de l'économie, nous offrent, chaque saison, grand nombre d'observations qui nous prouvent cette influence particulière des eaux qui nous occupent. On voit souvent chez elles des affections jugées par des crises survenues du côté de cet appareil, et provoquées par les bains.

Il ne sera pas déplacé de parler ici d'une maladie, pour mieux dire d'une infirmité se montrant indifféremment dans l'un et l'autre sexe, et dont les conséquences sont souvent indispensables pour le maintien de la santé, je veux parler du flux hémorroïdal. Le type périodique qu'il revêt chez certains sujets lui donne une grande analogie avec la menstruation, et, dans ces cas, sa suppression peut donner lieu à des accidents graves. Les désordres causés alors chez un individu ne peuvent parfois être arrêtés qu'en rétablissant la perte telle qu'elle était primitivement, et les moyens pour y parvenir font souvent défaut à la médecine. On voit, chaque saison, bon nombre de malades de ce genre venir réclamer les secours des eaux de St-Sauveur, et peu quittent cet Établissement sans avoir à se louer des effets qu'ils ont obtenus.

La leucorrhée, maladie si fréquente et qui occasionne des troubles si graves dans l'économie, est avantageusement combattue par les bains et douches de St-Sauveur. Si on ne parvient pas toujours à obtenir une guérison complète (circonstance qui doit se rapporter à l'usage des bains trop peu de temps suivi), on obtient une diminution de son intensité, une amélioration notable dans l'état général, le rétablissement dans les fonctions des organes altérés secondairement; on prévient ainsi des états pathologiques souvent engendrés par la leucorrhée, l'anémie, la chlorose, affections assez graves par elles-mêmes, et qui sont toujours plus redoutables chez des sujets dont l'organisme est ruiné par un travail morbide tel que celui qui provoque l'écoulement leucorrhéique.

La chlorose en général, et surtout celle occasionnée par la non apparition ou la suppression des menstrues, cède souvent à l'action des eaux de St-Sauveur à l'extérieur, jointes à l'eau ferrugineuse de Viscos pour boisson [1].

Comme presque toutes les femmes atteintes de leucorrhée ou chlorose, qui viennent faire usage des eaux de St-Sauveur, présentent toujours des troubles dans le système nerveux, que la majeure partie arrivent même uniquement pour guérir des affections

---

[1] Cette source ferrugineuse est distante de 5 kilomètres environ de St-Sauveur. Mon père qui l'a préconisée, ne néglige jamais dans ses prescriptions de donner le conseil de la boire sur le lieu même où elle jaillit. Il procure ainsi aux malades la distraction de la promenade, secours hygiénique qui, dans la plupart des cas qui réclament la boisson de cette eau, est indispensable pour le rétablissement du sujet. L'apathie, l'insouciance qui s'emparent des individus chlorotiques surtout, leur ferait souvent, si telle n'était l'ordonnance du médecin, négliger un exercice dont ils doivent attendre d'excellents résultats. Non-seulement cette raison, mais encore l'altération que les eaux minérales en général subissent par le transport prouvent l'avantage qu'il y a à suivre ce conseil.

nerveuses auxquelles elles sont sujettes par suite de ces maladies, je ne ferai pas deux classes d'observations : celles qui nous serviront à prouver leur efficacité dans les cas de leucorrhée et de chlorose, prouveront en même temps leur vertu antispasmodique. Parmi celles-là nous classerons encore celles qui nous démontreront les propriétés vulnéraire, dépurative, etc., si efficaces de cette source, chez les sujets dont la susceptibilité de l'innervation est si grande que le système nerveux se ressent presque toujours des lésions pathologiques qu'ils présentent.

Vertu antispasmodique. — Cette vertu comment l'expliquer? Dans les cas d'éréthisme, on peut bien rapporter les bons effets de cette source à la qualité de ses eaux onctueuses et tempérantes. Mais dans les cas d'affection nerveuse coïncidant avec un état de faiblesse générale, quel est leur mode d'agir? Cette détente qu'elles produisent dans le premier cas, et qui est alors si favorable, serait incontestablement nuisible dans le second, qui ne reconnaît peut-être d'autre cause que le relâchement trop considérable des tissus.

L'explication qu'a donnée mon grand-père de l'action des eaux de St-Sauveur dans les maladies du système nerveux, me paraît convaincante. Il dit :

« Ces deux effets contraires, provenant de l'im-
» mersion dans les bains d'eau minérale de même
» nature, ne peuvent rigoureusement s'expliquer
» qu'en réfléchissant sur ce mécanisme d'impression
» qui a lieu sur la personne qui se baigne. En effet,
» le bain frais resserre la peau, fronce les vais-

» seaux absorbants, et s'oppose à ce que les vapeurs
» humides pénètrent dans le corps et y produisent
» le relâchement; ce sont donc les vapeurs sèches
» et l'impression de froid qui agissent seulement,
» et procurent les effets qui leur sont propres. Il
» en est tout autrement du bain tempéré, dont la
» douce chaleur et l'impression agréable qui en ré-
» sultent, invitent tous les pores à recevoir les va-
» peurs minérales, et à les introduire dans l'intérieur
» du corps. »

Elles peuvent, par conséquent, entre les mains d'un
homme qui sait bien les ordonner, être favorables dans
toutes les maladies du système nerveux : qu'elles
exigent une médication débilitante, calmante ou tonique. Il est rare, en effet, comme on le verra par
les observations, de trouver des névralgies qui ne
soient guéries, ou dont l'intensité ne soit considérablement diminuée par les eaux de St-Sauveur,
soit que la cause reste inconnue, soit qu'on puisse
la rapporter à des affections herpétiques, rhumatis-
males, laiteuses, syphilitiques.

Les sujets qui ont toujours eu à se louer de l'emploi des bains de St-Sauveur, sont ceux chez lesquels il existait une grande irritabilité générale à
la suite de l'exercice de l'encéphale porté à l'excès.
La vie de cabinet, lorsqu'elle exige un grand travail, beaucoup d'assiduité, une grande contension
d'esprit, finit par dénaturer les fonctions animales,
et jette le trouble dans l'économie. Des affections
s'engendrent; elles sont d'autant plus graves qu'elles

se développent lentement, presque à l'insu du sujet, ou que celui-ci les laisse passer inaperçues. Si, avant d'avoir acquis le degré de gravité nécessaire pour que la vie se trouve menacée, on essaie d'arrêter ces désordres, la trop grande irritabilité des organes du malade rend souvent la médecine impuissante, et c'est dans des cas semblables que les eaux de St-Sauveur doivent être prescrites sans retard. Elles calment cette surexcitation nerveuse qui existe, tonifient les organes, et le médecin peut alors prescrire des agents thérapeutiques inutiles, parfois même nuisibles avant l'emploi des bains, et qui, après et avec eux, produisent tous les effets désirables, et qu'on avait le droit d'en attendre.

La vertu antispasmodique ne saurait être contestée à la source qui nous occupe, on peut d'ailleurs s'en convaincre chaque jour. Dans certaines maladies nerveuses, les gastralgies par exemple, on voit dès les premiers bains les symptômes diminuer d'intensité, disparaître même. Chez les malades atteints de rhumatismes nerveux, il n'est pas rare d'observer que des douleurs se dissipent immédiatement après l'immersion de la partie qui en est le siége.

Quelques mots sur la composition des Eaux sulfureuses naturelles.

Maintenant qu'on connaît l'ordre dans lequel paraîtront les observations qui serviront à prouver que la source thermale sulfureuse de St-Sauveur jouit des propriétés énoncées, je vais me permettre quelques réflexions sur les eaux sulfureuses en général.

Et d'abord, dans ces observations je ne chercherai pas à attribuer tel effet produit par ces eaux à un des principes minéralisateurs plutôt qu'à un autre. Je ne rattache la cause des effets observés qu'à l'association de ces principes, à leur concours mutuel.

Les analyses nous démontrent que les diverses sources sulfureuses des Pyrénées se composent de la combinaison des mêmes substances, avec une différence de proportion qu'elles précisent.

D'après la plus ou moins forte somme de principes constituants, de principes sulfureux surtout, fournie par chacune d'elles, on juge de son intensité d'action, de sa valeur thérapeutique.

La vraie composition des eaux sulfureuses est-elle bien connue? L'ignorance complète où l'on se trouve au sujet de la barégine qu'on sait seulement être une matière organique, permet d'abord de mettre en doute l'exactitude des analyses que nous possédons. De plus, les investigations auxquelles quelques-unes de ces eaux ont été soumises, n'ont-elles pas fait découvrir un nouveau corps, l'iode?

Supposant d'abord que tous les corps minéralisateurs fussent connus, ces ingrédients, dont la présence est incontestablement prouvée, se trouvent-ils répartis dans les diverses sources, dans les proportions établies par les analyses données jusqu'à ce jour?

Ces proportions données, je crois, sont encore inexactes. Mon opinion est basée sur des résultats que j'ai obtenus de quelques opérations faites à l'aide du sulfhydromètre, et sur un fait qu'on a observé à St-Sauveur.

Les expériences sulfhydrométriques, je les avais faites depuis long-temps, lorsque je les répétai avec M. Bonnet, professeur à Lyon; les résultats furent les mêmes que ceux que j'avais obtenus précédemment. Expérimentant, suivant la marche prescrite par M. Dupasquier, inventeur du sulfhydromètre, sur 1/4 de litre d'eau sulfureuse de St-Sauveur, prise au robinet de la douche, nous employâmes 2°,2 de teinture d'iode, dans les proportions voulues pour donner à l'eau une teinte qui laissait simplement deviner que la bleue n'eût pas tardé à se produire. Cette quantité d'iode employée dénote que l'eau de cette source contient 0,002801 par 1/4 de litre.

Après cette expérience, je voulus faire constater à M. Bonnet, ce qui m'a fait mettre en doute l'exactitude des analyses. Le sulfhydromètre n'a été adopté qu'une fois qu'on a été persuadé par des épreuves qu'il donnait des résultats justes. On sera cependant convaincu, après l'opération dont je vais rendre compte, qu'il laisse passer inaperçue une certaine quantité de soufre; par suite, qu'il est insuffisant, ou du moins qu'on est exposé à commettre des erreurs en se servant de ce moyen d'exploration pour analyser certaines sources; je dis certaines, puisque je n'ai encore fait cet essai que sur celle de St-Sauveur.

L'expérience consiste à prendre un mélange d'eau sulfureuse et d'eau ordinaire autant de l'une que de l'autre. Agissant sur 1/4 de litre de chacune, toujours suivant la marche prescrite, nous employâmes 2°,6 de teinture d'iode qui représente 0,003311 de soufre dans le mélange, c'est-à-dire 0,000509 de plus que dans le 1/4 de litre de la première expérience.

L'explication de cette particularité de l'eau de St-Sauveur, si particularité il y a, n'est pas difficile à trouver. En effet, cette eau contient de la glairine en très-grande quantité, et non pas seulement des traces, comme l'ont avancé les chimistes dans leurs analyses. Cette matière, lorsqu'à plusieurs reprises, j'ai essayé de la dessécher par l'action d'un feu assez intense, laissait dégager des vapeurs très-épaisses et suffocantes, qui n'étaient rien autre que la vapeur de l'eau mêlée à du gaz sulfureux. Ce dernier s'y trouvait en si grande quantité qu'opérant dans une vaste salle, j'ai été forcé de sortir et de continuer mon expérience en plein air. J'avais soumis 1/8 de litre environ de glairine à l'action du calorique : je ne puis apprécier la quantité de vapeurs sulfureuses qui se dégagea, dépourvu que j'étais des instruments nécessaires à cet effet; mais le dégagement a duré tout le temps de l'opération en diminuant insensiblement jusqu'au moment où je n'ai plus trouvé dans le vase, servant d'éprouvette, qu'une pellicule grise très-mince qui, jetée sur des charbons ardents, a répandu une odeur semblable à celle que répand la corne brûlée.

Ce fait m'amène à conclure que ces flocons de

glairine, contenant autant de matières sulfureuses, les molécules de cette substance si répandue dans l'eau de la source de St-Sauveur, qui doivent nécessairement en contenir aussi avant de s'amasser en flocons, peuvent fort bien empêcher que les réactifs agissent sur tout le soufre, et qu'en ajoutant de l'eau commune, on produise une plus grande surface, on mette par conséquent une plus grande quantité de principes sulfureux en contact avec la teinture d'iode. Il peut encore arriver que l'eau commune, ayant une température moins élevée que la sulfureuse, occasionne, lors du mélange, la fuite moins prompte de l'hydrogène sulfuré que contient cette dernière, dont une partie serait ainsi soumise au réactif.

Le fait observé à St-Sauveur, et qui vient à l'appui de mon opinion au sujet des analyses des eaux sulfureuses, mérite aussi d'être rapporté.

En 1842, le réservoir de l'Établissement nécessita des réparations. Les quelques dalles supérieures qu'on enleva pour pénétrer dans ce bassin, qui n'avait pas été ouvert depuis la reconstruction des bains, présentèrent à leur surface une couche assez épaisse d'une substance pulvérulente et jaunâtre, qu'on supposa être du soufre, et l'expérience confirma cette supposition : c'était du soufre sublimé. On y trouvait aussi des pellicules grises qui n'étaient autre chose que de la glairine desséchée.

Mon père, qui était présent aux travaux qu'on exécutait, recueillit une assez grande quantié de cette

matière. J'ai souvent eu occasion de voir des médecins et des chimistes qui viennent visiter les établissements thermaux des Pyrénées. Je me suis fait
un devoir de leur montrer cette substance, de leur
dire d'où elle avait été retirée. Fort peu d'entre
eux ont, j'en ai la conviction, ajouté foi à mes
paroles, le plus grand nombre a peut-être supposé
quelque supercherie; car il est une erreur assez
répandue, qui n'est autre que la croyance en l'ab-
sence presque complète de principes sulfureux dans
les eaux de St-Sauveur.

Cette couche de soufre ne pouvait provenir que
de la vapeur de l'eau et du dégagement des gaz
qu'elle contient. Je ne dirai pas, d'après cela, que
la source de St-Sauveur est plus sulfureuse que telle
autre, que celle de Baréges, par exemple, dont les
réservoirs ne présentent pas de pareils dépôts, et
dans laquelle les analyses découvrent cependant une
quantité de soufre à peu près deux fois plus grande que
dans la première [1]. Mais on voit qu'il est permis de
douter de ces analyses. Quoique je ne sois pas très-
compétent en fait d'opérations chimiques, il me semble
qu'il faudrait, lorsqu'on veut employer un réactif
sur deux choses, se trouver pour l'une et l'autre
dans les mêmes conditions; et, en fait d'eaux sulfureuses, il est un obstacle évident, leur variété de
température.

---

[1] Ainsi le sulfure de sodium contenu dans un kilogramme d'eau, est de
0,0498 pour Baréges et 0,0253 pour St-Sauveur.

Outre ces faits sur lequels est basé mon doute au sujet de l'exactitude des analyses remontant à l'origine présumable des sources sulfureuses, il est impossible que les différences qu'on veut établir entre elles soient si marquées.

Il faut espérer pourtant que la chimie faisant tous les jours de nouveaux progrés, nous montrera plus tard les erreurs qu'elle ne peut éviter aujourd'hui, et nous donnera alors des résultats plus positifs, par lesquels on verra que la qualité de principes constituants entre la généralité des sources des Pyrénées ne diffère pas d'autant qu'on le suppose.

Origine des sources sulfureuses. — Modifications qu'elles subissent.

On ne peut donner rien de positif sur la manière dont les eaux qui nous occupent sont minéralisées et chauffées. On a émis des théories, on a fait des suppositions, mais on ne peut point affirmer, enlever ses secrets à la nature. Il me semble cependant qu'il est rationnel d'accorder à toutes les eaux des Pyrénées, comme à celles qui se trouveraient dans un rayon semblable, la même origine, un réservoir commun où elles sont transformées, c'est-à-dire minéralisées et chauffées. De ce réservoir elles s'échappent par diverses issues et en divers sens; elles filtrent à travers les rochers, ou bien suivent des conduits qui s'y trouvent pratiqués. Dans leurs parcours, pour arriver jusqu'à nous, elles subissent des modifications, pas si sensibles pourtant qu'on le croirait de prime abord, et sans faire attention que ce n'est pas dans leur trajet qu'elles sont minéralisées. Les terrains qu'elles traversent ne contiennent pas, en effet, le plus grand nombre des corps minéralisateurs qui les constituent. Les seules causes de modifications ne doivent par conséquent être attribuées qu'à des dépôts analogues à ceux qu'on trouve dans les réservoirs et conduits des établissements thermaux où elles sont utilisées; ou par une diminution de température plus ou moins sensible, résultat d'un trajet sinueux, d'un mélange avec de l'eau ordinaire, parfois des deux réunis.

La première cause de modification, c'est-à-dire les dépôts, ne peut altérer sensiblement la composition d'une source sulfureuse. Les seuls principes que l'eau perd en parcourant les conduits naturels à travers lesquels elle vient à la surface de la terre, se réduisent à des couches de glairine qui en tapissent les parois. Cette matière organique se trouve primitivement en dissolution dans les sources sulfureuses; elle n'affecte la forme de flocons que lorsqu'elle s'est déposée par le séjour dans un bassin, ou le passage long-temps prolongé de l'eau qui lui sert de véhicule. En jugeant par analogie, on peut chaque jour se convaincre du fait sur les lieux qui possèdent des bains sulfureux.

Ainsi à St-Sauveur, où la qualité d'eau fournie par la source serait insuffisante pour alimenter seize baignoires et une douche s'il n'existait un réservoir,

on trouve dans ce réservoir des quantités considérables de glairine en flocons énormes, qui ont $0^m 35^c$
de diamètre, sur près de $0^m 02^c$ d'épaisseur. Cette
matière tapisse aussi l'intérieur de tous les tubes.
L'eau se comporte nécessairement de la même manière dans les réservoirs et conduits naturels qu'elle
parcourt, que dans ceux que lui ménage l'art pour
sa distribution, excepté toutefois les altérations et
les pertes qu'elle peut subir par suite du contact
de l'air et du défaut de pression pour sa vapeur
et ses gaz.

La seconde cause de modification, c'est-à-dire la
diminution de température, est la seule qui doit être
prise en considération. C'est au degré de chaleur
plus ou moins élevé qu'il faut attribuer presque
exclusivement la variété d'action des diverses sources sulfureuses, hors le cas cependant où, dans l'eau
d'une source de cette nature, le peu d'élévation de
température tiendrait à son mélange avec de l'eau
ordinaire. Mais, si elle ne doit sa vertu tempérée
qu'à des causes telles que la longueur du trajet à
parcourir, la nature des terrains qu'elle traverse qui
peuvent se trouver par leur nature plus ou moins
bons conducteurs du calorique, alors l'eau conservant tous ses principes minéralisateurs dans les mêmes
proportions, n'est pas dénaturée et ne perd rien quant
aux propriétés de ces principes.

Il peut arriver encore que le contact de certaines
substances décompose l'eau, s'empare de son oxigène. L'hydrogène se combinant alors avec le soufre

forme l'acide sulfhydrique, et l'oxigène se combinant peut engendrer aussi d'autres gaz, comme le gaz acide carbonique. Nous concevons ainsi pourquoi certaines sources sont plus gazeuses; mais ce cas ne constitue pas une cause d'altération vraie; car nous trouverions toujours le liquide composé dans les mêmes proportions.

On voit, d'après ces quelques mots, que ce n'est pas à la plus ou moins forte somme de principes sulfureux fournis à l'analyse, que nous attribuons l'énergie d'une source, mais bien généralement du moins à l'élévation de température. Je dis généralement, car il est des eaux sulfureuses qui présentent moins de soufre, une température moins élevée que d'autres, et qui ont une action plus intense et produisent des effets plus marqués que ces dernières. Dans ce cas, il est vrai aussi que leur température diffère de peu de chose. A l'appui de ce fait, je pourrai citer ce qu'on observe entre la source tempérée de Baréges, qui contient 0,0245 de sulfure de sodium par litre, dont la température est de 33° centigrades, et celle de St-Sauveur qui contient sur le même volume d'eau 0,0253 de sulfure de sodium et dont la la température est de 34°,50 centigrades à la douche, et de 33 à 33°,50 lorsqu'on l'emploie pour bains. La différence que présentent, sous tous les rapports, ces deux sources ne méritait pas qu'on en tînt compte; et cependant, dans le même cas de maladie, l'une sera excitante et l'autre calmante. Est-il possible maintenant, d'après ce seul exemple, de tirer quelque conséquence thérapeutique de l'analyse des sources sulfureuses?

Modes d'action des Eaux.

Les effets des eaux, en général, se font ressentir sur deux vastes surfaces, qui sont la muqueuse gastrointestinale et l'appareil tégumentaire, selon qu'on les prend en boisson, injections, bains et douches. D'après les organes qui en ressentent l'influence, elles sont dites purgatives, diurétiques, sudorifiques.

Les eaux sulfureuses possèdent ces propriétés, non pas cependant de la même manière que celles qui les doivent à une substance reconnue pour jouir de l'une de ces vertus, et qui entrerait dans leur composition. Ainsi, lorsqu'elles sont purgatives, ce résultat est toujours dû non pas à une action purgative, mais à un état d'irritation, parfois même d'inflammation qu'elles déterminent dans la muqueuse intestinale, effet qui ne doit d'ailleurs être rapporté spécialement à aucun des agents qui concourent à leur minéralisation. Les dangers que peut provoquer cette action irritante font voir que si elles sont employées pour agir sur le tube digestif jusqu'à production d'effets purgatifs, ce ne sera que dans des cas très-rares, d'obstruction, par exemple, provenant d'un défaut de tonicité. Encore alors faut-il les employer avec beaucoup de circonspection, et agir directement en injections rectales.

Les deux autres propriétés qui sont l'expression

de l'action des eaux en général, auxquelles se rattachent tous les effets produits par les eaux sulfureuses, chacune des sources de cette nature les possède à un degré plus ou moins prononcé, toujours proportionné à l'élévation de température qu'elle présente.

D'après la chaleur d'une eau employée pour bain, sans égard pour sa composition, on sait d'avance si son action sera diurétique ou sudorifique.

En effet, quelle que soit la nature de l'eau dont on se servira pour préparer un bain, il est évident que plus ce bain sera chaud, mieux il provoquera la transpiration, et moins l'absorption sera abondante. Les pores, lorsque le corps se trouve plongé dans un milieu dont la température est élevée, s'ouvrent : les vaisseaux absorbants se dilateraient pour recevoir le liquide; mais alors aussi la phlogose, la congestion que provoque vers la peau la chaleur du bain, fait que les capillaires sanguins s'engorgent, qu'il s'établit un mouvement d'expansion, et, par suite, que le travail de la transpiration est très-actif, et l'absorption nulle ou presque nulle.

Au contraire, lorsque le bain est tempéré, cette chaleur agréable invite ces mêmes forces à s'ouvrir largement; rien ne s'oppose à l'introduction de l'eau, qui est absorbée et portée dans le torrent circulatoire. Alors aussi les sécrétions augmentent, les reins surtout élaborent ce nouveau fluide, et l'action diurétique est établie [1].

---

[1] Cette action du bain chaud et du bain tempéré est encore une raison plausible contre ceux qui veulent rapporter presque exclusivement au soufre

On comprend, d'après cela, dans quels cas on doit employer les bains chauds et les bains tempérés. Les premiers activent la circulation, tendent à enlever le surcroît de principes aqueux répandus dans l'économie, à détruire la faiblesse, l'inertie qui en résultent. Les seconds ralentissent le cours du sang, en augmentent les principes aqueux, détruisent ainsi l'acrimonie des humeurs, la tension exagérée des fibres et le surcroît d'irritabilité qui en sont la conséquence.

Les bains d'eaux sulfureuses produisent encore d'autres effets. Les substances qu'elles renferment ne doivent pas être considérées comme neutres; elles ont des vertus, elles agissent; on les trouve absolument les mêmes dans toutes les sources sulfureuses. Ces de rnières conséquemment agissent-elles toujours de la même manière dans les mêmes conditions?

L'affirmative paraît la seule réponse à faire à cette question. On me trouvera en contradiction avec moi-même, si on observe que j'ai avancé que les eaux de la source de St-Sauveur jouissaient de certaines spécialités. Mais ce terme, *spécialité*, ne doit pas être pris dans son sens le plus rigoureux. Toutes les sources de la nature de celle qui nous occupe, ont les mêmes propriétés à un degré d'activité plus ou moins grand, nous l'avons déjà dit; et nous attribuons cette

l'action, les vertus des bains sulfureux. Les sources les plus chaudes sont ordinairement celles qui donnent le plus de soufre à l'analyse, et considérées par suite comme les plus actives.

Mais, d'après ce que nous venons de dire, et qui ne saurait être contesté, cette température élevée empêche l'absorption de l'eau, et par suite celle du soufre qu'elle renferme.

différence d'action au calorique, ou, si l'on veut (pour la définition de ce que nous appelons *spécialité*), à la quantité de soufre qu'elles présentent.

Nous entendons par vertus spéciales, les vertus très-marquées dans une source, et dont on ne peut attribuer la cause ni à la température, ni à la composition de l'eau qu'elle fournit : autrement dit, dont la cause est cachée, mais qui existe et qu'on pourrait trouver sans avoir recours à des opérations chimiques.

Chaque source sulfureuse jouit de quelque spécialité. Nous voyons, en effet, des sources présentant une composition chimique et physique semblable, produire parfois, dans les mêmes cas pathologiques, des résultats différents. Tout effet cependant révèle l'existence d'une cause. L'influence du climat seule ne peut pas rendre compte de ce phénomène. D'ailleurs, ne l'observe-t-on pas entre des sources dont les établissements qu'elles alimentent, offrent les mêmes avantages hygiéniques?

Bien plus, à St-Sauveur, avec la même eau de la source qui a toujours fourni à l'Établissement, on a observé une différence d'action, même des effets opposés, produits par les bains [1]. Ce fait, qui paraîtrait absurde si l'observation n'en faisait foi, suffit pour attribuer des spécialités aux sources sulfureuses. Avec les connaissances actuelles sur leur com-

---

[1] On verra par le fait qui se trouve rapporté à la fin de cet article, que la variété d'action des sources sulfureuses peut être occasionnée par des causes bien minimes, et qu'on serait loin de supposer.

position, en rechercher la cause, c'est faire des suppositions. Je vais m'en permettre une en faisant toujours dépendre du calorique cette variété d'effets produits par les eaux des sources regardées comme identiques. Nos instruments de physique nous indiqueront le même degré de température, mais c'est sur leur insuffisance que je base ce que je suppose.

Les expériences faites par mon grand-père, qui n'avait nul intérêt à produire des faits inexacts, viennent à l'appui de ma supposition. Il dit dans son ouvrage qu'expérimentant sur les eaux des sources de Baréges et de St-Sauveur, il trouva que, exposées à l'air, celle de Baréges se refroidit plus vite et perd plus rapidement sa saveur et son odeur que celle de St-Sauveur. Cependant la première est plus chaude de 9° et contient aussi deux fois plus de principes sulfureux que la seconde. J'ai déjà parlé de ce fait dont j'ai attribué la cause à la présence d'une plus grande quantité de glairine dans l'eau de la source de St-Sauveur; cette cause est certainement la seule admissible, mais il faut encore tâcher de trouver comment elle agit dans cette circonstance. Pour moi, je suppose que cette matière organique s'empare d'une partie du calorique qu'elle conserverait à l'état latent, qui se dégagerait au fur et à mesure que la masse liquide en perdrait du sien, et qui servirait ainsi à entretenir la durée de la chaleur de l'eau. On voit par là combien cette substance, qui est presque regardée comme du superflu dans les eaux sulfureuses, peut, au contraire, être une des causes puissantes de leur mode d'action.

Une circonstance, d'ailleurs, m'a toujours fait apprécier l'importance de la barégine. A l'époque ou l'établissement de St-Sauveur fut reconstruit, on craignit, pendant plusieurs mois, que la pureté de la source n'eût été altérée par suite des travaux exécutés. Cette idée se répandit même assez facilement, l'Établissement ne recommençant à fonctionner que vers le commencement de la saison. L'eau en était devenue âpre; on ne lui trouvait plus cette onctuosité qu'elle possède à un si haut degré. Les malades venus précédemment, et que sa vertu tempérante avait rappelés, s'en plaignaient généralement. Elle ne fut telle qu'on l'avait toujours observée, les bains ne jouirent de leurs anciennes propriétés que long-temps après, et alors probablement qu'il se fut déposé une grande quantité de glairine dans le réservoir [1].

Quelques mots sur l'emploi bien combiné des deux Sources sulfureuses.

Des faits qu'on observe aux établissements thermaux de Baréges et de St-Sauveur, on peut conclure que le médecin qui ordonne l'une de ces sources, n'a, pour en faire le choix, qu'une question de tempéra-

---

[1] L'onctuosité des eaux sulfureuses a été attribuée par Anglada à la présence du carbonate de soude. Je ne me permettrai pas de contester un fait établi par ce grand chimiste. Mais, d'après l'observation que je viens de rapporter, il est permis d'affirmer que c'est surtout à la matière organique si répandue dans l'eau de la source de St-Sauveur, que celle-ci doit cette qualité physique.

ment à résoudre. L'état général du sujet bien reconnu, l'indication devient très-facile.

Il peut cependant se trouver des affections qu'on ne combattrait pas avantageusement par l'usage exclusif des bains de l'une des deux sources. Des cas morbides de ce genre se présentent assez fréquemment. Ils nous expliquent pourquoi grand nombre de médecins ne considèrent les eaux de St-Sauveur que comme un moyen préparatoire à celles de Baréges, et sans vertu presque par elles-mêmes. Il est, en effet, des malades si faibles, si irritables qu'ils ne pourraient sans danger se soumettre à l'action énergique de la source de Baréges. Leur économie ne pourrait résister à ce choc violent qui provoquerait des troubles considérables dans le système, compromettrait peut-être même l'existence des individus qui s'y exposeraient sans précautions.

Il faut, en pareilles circonstances, préparer, fortifier les organes du sujet, lui donner le moyen de réagir; et les eaux de St-Sauveur sont ce qu'on peut trouver de mieux pour atteindre ce but. Si quelques-uns des malades qui vont chaque année faire usage des bains de Baréges, subissaient cette espèce de prépation, ils ne s'exposeraient pas à des accidents qui non-seulement, lorsqu'ils sont assez intenses pour devoir les combattre, réclament des secours qui paralysent les bons résultats qu'on aurait obtenus des eaux, mais exigent toujours la suspension des bains, plus ou moins longue et proportionnée à la violence de la fièvre qu'ils déterminent, et aux congestions ou menaces de congestions qu'ils provoquent vers des organes importants.

Si l'efficacité d'une pareille marche à suivre pour la guérison de certains sujets, atteints de certaines affections, pouvait être mise en doute, je pourrais citer bon nombre d'observations pour convaincre. Il ne se passe pas de saison qu'à St-Sauveur on n'observe quelques malades qui ressentent les bons effets de l'usage des bains, qui voient leur état pathologique s'améliorer progressivement, et qu'après un résultat obtenu parfois très-rapidement, les eaux n'agissent plus; leur maladie reste dans le *statu quo*, et l'usage d'une source plus active est indispensable pour terminer la guérison. Si ces malades avaient, au contraire, pris, dès le début, des eaux très-actives, ils se seraient exposés aux accidents que nous avons mentionnés, et, de plus, auraient, pour la plupart, vu leur état morbide faire des progrès.

Ces observations, qui établissent incontestablement les bons résultats qu'on peut attendre de l'emploi bien dirigé des eaux de Baréges et St-Sauveur, n'ont pas été fournies par des sujets atteints de lésions anciennes, résultant du vice scrofuleux bien prononcé.

Chez ces derniers, la grande activité des eaux est la première condition pour qu'elles agissent favorablement. Une source tempérée serait presque toujours nuisible, parce que, favorisant l'absorption, elle relâcherait encore plus les tissus, appauvrirait le sang qui ne possède déjà que trop peu de vitalité, augmenterait les principes aqueux si répandus dans l'économie.

Ces observations ont été prises sur des individus atteints d'affections herpétiques anciennes et autres lésions, reconnaissant pour cause des vices qui s'allient à tous les tempéraments. La majeure partie n'était venue à St-Sauveur que pour combattre certains symptômes, considérés comme maladies, ne se doutant nullement de l'état pathologique général qui les produisait. Cet état se révèle le plus souvent par des signes certains, parce qu'il est rare que, les eaux ayant calmé ou détruit les *symptômes*, les malades ne continuent à prendre des bains pour confirmer la guérison. Leur usage étant long-temps prolongé, les eaux agissent comme dépuratives, et c'est alors qu'elles provoquent l'apparition des signes caractéristiques de l'affection générale.

L'observation est la meilleure preuve d'un fait; mais il faut encore qu'en lisant ce fait, on puisse, jusqu'à un certain point, se rendre compte de la manière dont il a été produit. C'est aussi dans ce but que j'ai fait ces réflexions générales sur les eaux sulfureuses, réflexions dans lesquelles on trouvera souvent la cause des effets provoqués par les eaux de St-Sauveur, et dans lesquelles je puiserai encore les développements nécessaires, indispensables à l'intelligence de certains effets produits, et que je pourrai citer.

On aurait tort de supposer que, lorsque j'ai parlé des propriétés des eaux de St-Sauveur, j'aie voulu dire que ces eaux pussent triompher de toutes les lésions réclamant l'emploi de quelques-unes des vertus thérapeutiques qui leur ont été attribuées. Mais il était nécessaire, je crois, en parlant d'un agent thérapeutique qui acquiert chaque jour une plus grande renommée et justement méritée, de faire connaître tous les effets qu'il peut produire, pour s'arrêter plus tard à ce qu'il offre de plus avantageux : à ses propriétés les plus remarquables, les plus distinctes. Outre le reproche que j'ai déjà fait aux médecins qui attribuent généralement le bien qu'obtiennent les malades dans nos établissements thermaux, non à l'usage des sources qui les alimentent, mais à l'action du climat, de la nourriture, du traitement hygiénique qu'ils y suivent, j'ajouterai que je ne comprends pas comment des hommes voués au soulagement de l'humanité sont plus occupés, non pas des vertus que possèdent les eaux sulfureuses naturelles, mais de leur composition. Les efforts des chimistes pour en donner l'analyse vraie sont louables, mais, pour un médecin, le plus important est d'en connaître les vertus que l'observation nous a révélées. Car, enfin, agiront-elles mieux une fois leur composition bien connue que lorsqu'on l'ignorait complètement? N'auront-elles plus les mêmes propriétés parce qu'on y découvrira un autre ingrédient? Encourageons les chimistes, et leurs travaux nous feront peut-être découvrir que les eaux sulfureuses peuvent être mieux utilisées qu'aujourd'hui, et profitons toujours des vertus que nous leur connaisons.

Action des Eaux de St-Sauveur sur l'appareil de la
respiration.

—

Nous avons dit que l'action des eaux prises en boisson ou bains se fait ressentir sur de vastes surfaces,
savoir : la muqueuse gastro-intestinale et l'appareil tégumentaire. Les eaux sulfureuses n'ont encore été
étudiées que sous le rapport de ces deux modes d'administration. Elles peuvent cependant agir sur une
troisième surface. Il est réellement fâcheux qu'on ait
jusqu'à ce jour laissé passer inaperçus les effets des vapeurs minérales, aspirées par le baigneur durant l'immersion, sur les voies respiratoires. Ces effets sont
évidents pour moi. Aussi, avant d'entreprendre les observations qui doivent prouver les vertus que nous
avons accordées à la source qui nous occupe, je vais
me permettre de dire quelques mots de l'action favorable des eaux de St-Sauveur contre les affections des
organes de la respiration, et parler en même temps
des deux autres sources sulfureuses qui se trouvent
dans la vallée de Baréges.

Les eaux sulfureuses ont deux actions bien distinctes : l'une directe, l'autre indirecte. De la première résultent les effets produits par cet agent lorsqu'il agit
immédiatement et sans élaboration préalable sur un
organe malade ; de la seconde résultent les effets produits alors que le liquide absorbé a été porté dans le
torrent circulatoire, élaboré conséquemment.

Partant de ce fait incontestable et considérant quel
genre de lésions présentent les organes respiratoires

malades, on ne peut faire du moins que d'admettre
l'action favorable des vapeurs sulfureuses aspirées [1].
L'individu qui se trouve dans une atmosphère semblable, doit éprouver des effets salutaires de ces vapeurs
toniques et vulnéraires mises en contact immédiat avec
des surfaces ulcérées, ou des muqueuses errodées à
la suite d'une longue inflammation. Les eaux agissent alors comme topiques, et c'est surtout sous ce
mode d'administration qu'ont été produits les beaux
résultats qu'on a observés à la suite de leur emploi. Je
ne veux cependant pas par là contester, même mettre
en doute les bons effets que peut produire la boisson
aux sources sulfureuses. Bordeu dit bien dans une de
ses lettres sur les Eaux-Bonnes : « Je suis si convaincu
» que nos eaux sont vulnéraires, que je ne ferai ja-
» mais difficulté de les employer dans toute sorte de
» vieille plaie. Je bannirai toutes ces compositions,
» vrais ragouts arabes, qui ne sont que pour la pompe
» de l'art; je leur substituerai notre baume naturel.
» Je ne dis pas qu'il réussisse toujours; mais je ne
» me lasserai point d'insister à noyer l'ulcère, à l'hu-
» mecter continuellement avec une eau si balsamique
» et si pénétrante. »

Mais il ajoute :

« J'en ferai prendre intérieurement, pour que cette
» rosée que la circulation porte dans la plaie, soit

---

[1] Il est constant, d'après les phénomènes physiques et chimiques qui se
présentent dans les établissements thermaux, que les vapeurs présenteraient
presque la même composition que l'eau dont elles émanent, si on les soumettait à l'analyse.

» adoucie, vivifiée et purgée de tout aigre qui pour-
» rait empêcher l'union des grains charnus qui doi-
» vent toujours être dans un état qui leur permette de
» céder à la force des humeurs, sans que cependant
» ils succombent et qu'ils s'affaissent. »

L'idée que les eaux sulfureuses, sous forme de vapeur, devaient avoir une action sur l'appareil respi-
ratoire, m'a été suggérée d'abord par les bons effets
qu'on a obtenus, dans les maladies de poitrine, du
séjour des individus affectés dans une vacherie pour
leur faire respirer un air plus azoté (et les eaux sulfureuses contiennent de l'azote), et puis par des observations que j'ai lues dans le recueil que possède mon
père. D'après ces faits, j'ai vu que, par la boisson de
l'eau de Bonnes, pendant qu'on prenait les bains de
St-Sauveur, les résultats les plus satisfaisants étaient
obtenus dans les maladies de poitrine. Ainsi, je suis
persuadé que si on eût dressé une statistique exacte des
cas de maladies des organes respiratoires, on trouverait qu'avant que Bonnes fût en si grande renommée,
et que grand nombre de sujets, se rendant aux Pyrénées pour les boire, venaient les prendre à St-Sauveur,
pour faire en même temps usage des bains de cet Établissement thermal, on trouverait, dis-je, sur un
nombre déterminé de cas, bien plus de résultats satisfaisants qu'on n'en observe aujourd'hui sur un nombre égal de malades, s'en remettant pour leur guérison
à l'eau de Bonnes exclusivement.

Ma conviction, à cet égard, est surtout basée sur
les effets qu'on obtient actuellement, dans les affec-

tions de l'appareil de la respiration, de l'emploi des bains de St-Sauveur avec l'eau de Hontalade pour boisson. Cette source sulfureuse a avantageusement remplacé pour nos malades celle de Bonnes. On peut la boire avec plus de confiance que cette dernière. Elle en a les vertus sans en avoir les inconvénients; elle est moins irritante, et cette qualité est d'un grand prix, lorsqu'on veut agir sur des organes aussi susceptibles que ceux de la respiration, et sur l'état desquels, malgré les moyens d'investigation presque sûrs que nous possédons pour en découvrir les lésions, il est encore facile de se méprendre.

La source de Hontalade, dont l'analyse a été faite par M. Bérard, de Montpellier, est située dans le bourg même de St-Sauveur. Nous n'avons encore que des malades du département qui viennent en faire usage. Il en est des eaux comme de tant d'autres choses, elles n'ont de valeur qu'à la condition d'un nom bien acquis, ou qu'on leur fait. Mais cette renommée qui lui manque, l'eau de Hontalade l'acquerra. Les malades plus nombreux, chaque année, qui viennent en réclamer le secours, ont, pour la plupart, trop à se louer des résultats qu'ils obtiennent pour qu'elle reste méconnue, et que sa réputation ne soit bientôt très-étendue.

La source de Hontalade n'est pas la seule sulfureuse que nous possédions pour la boisson. Nous avons aussi celle de Buë, qui est à celle de Hontalade, ce que celle-ci est à celle de Bonnes sous le rapport de l'action irritante. Ceci est d'autant plus extraordinaire,

qu'elles ont la même température qui est de 17 à 18°
centigrades, et que, soumises toutes deux à l'épreuve
de l'iode, celle de Hontalade ne possède que des traces de soufre, tandis que celle de Buë a donné les résultats suivants : expérimentant sur 1/4 de litre d'eau de
cette source, il a fallu 1,5 d'iode pour obtenir une
couleur bleue très-légère; cette quantité de réactif,
d'après la table appliquée au sulfhydromètre, représente 0,001,909 de soufre.

Les effets inespérés que j'ai obtenus de la boisson de l'eau de cette dernière source chez des malades auxquels j'ai donné mes soins dans le pays,
m'ont inspiré la plus grande confiance en elle. Elle
peut être employée toujours et rarement sans succès
dans les affections de poitrine, alors qu'il peut y avoir
encore remède; et surtout dans les cas où, vu la
constitution du sujet affecté, on doit procéder avec
beaucoup de ménagement et de prudence. La propriété de ne jamais déterminer d'irritation, jointe
à la facilité avec laquelle elle est digérée par tous
ceux qui la boivent, en font un agent thérapeutique
des plus précieux, qu'on doit malheureusement aller
puiser fort loin, et sur une montagne assez élevée
dont cette source à pris le nom.

Les quelques mots que j'ai dits sur l'action des
vapeurs minérales sont bien peu de chose. Mais, avant
de m'étendre d'avantage sur ce sujet qui peut devenir très-important, je désire observer. Plus tard
j'espère pouvoir le traiter comme il mérite de l'être,
et prouver alors combien seraient utiles, dans certains

établissements, des salons où se rendraient des malades pour respirer une atmosphère qu'on pourrait à
volonté charger ou dépouiller de vapeurs minérales,
où, si l'on peut s'exprimer ainsi, on baignerait les
poumons malades [1].

Observations.

*Action des Eaux de St-Sauveur dans les maladies des
organes génito-urinaires.*

Lorsque j'ai parlé, dans un chapitre précédent, des
propriétés particulières aux eaux de St-Sauveur, j'ai
dit qu'elles avaient non-seulement les vertus lithontriptiques, mais encore une action toute particulière
sur les organes génito-urinaires, et qu'elles étaient
toujours avantageusement employées contre la généralité des affections chroniques et atoniques qu'ils
présentent. Aussi, au lieu de traiter uniquement de
leur vertu lithontriptique, je parlerai de leur action dans les cas de catarrhes vésicaux et de leucorrhée. Ces trois états pathologiques dont je vais
citer de beaux exemples de guérison, seront successivement traités dans cette classe d'observations que
je désigne sous le nom d'affection des organes génito-urinaires.

---

[1] Ce salon offrirait un avantage incontestable sur les effets qu'on peut
obtenir aujourd'hui dans nos cabinets de bains. L'individu ne se trouverait
plus dans la solitude, il pourrait se livrer à la conversation, et l'exercice
d'un organe affecté, bien calculé à sa force, est toujours à rechercher.

1° Affection calculeuse.

Première observation.

M. M.-F., de Paris, âgé de 55 ans, tempérament lymphatique, constitution forte, vint à St-Sauveur pendant la saison 1845. Il portait une dartre vive, occupant le pourtour de l'anus, le scrotum et le bout du gland. Outre les démangeaisons insupportables qu'il éprouvait, il souffrait aussi de la région lombaire. Il n'avait jamais eu de symptôme de gravelle. Il se rendit à St-Sauveur pour prendre quelques bains, comme moyen préparatoire à l'usage des eaux de Baréges.

Mon père le fit baigner à la température 34° centigrades, lui prescrivit la boisson de l'eau de la source même, qui fut portée successivement à six verres par jour. Une quinzaine se passa sans que le malade éprouvât le moindre changement dans son état. Mais, un jour, pendant qu'il prenait son bain, il fut pris d'envies d'uriner excessives avec des douleurs intolérables qui provoquèrent le vomissement. Transporté chez lui, il se trouvait dans un état de souffrance indicible, et présentant tous les symptômes d'une néphrite aiguë. Un bain émollient fut prescrit, un liniment laudanisé et camphré fut mis en usage, des sangsues furent appliquées, rien ne put diminuer les souffrances. Enfin, une forte saignée fut pratiquée; ce dernier moyen, les bains émollients long-temps prolongés et une boisson mucilagineuse modifièrent

4

l'état du malade. Quatre jours après, et lorsqu'on pouvait supposer que tout état phlegmasique avait cessé, il fut remis à l'usage des bains et de la boisson.

Huit jours après la reprise des bains, le malade se trouvant à table-d'hôte en nombreuse compagnie, fut pris tout d'un coup d'envies très-fortes d'uriner, et sentit en même temps un corps étranger s'engager dans le canal de l'urètre. Dans l'impossibilité de se mouvoir, il dut prier ses commensaux de s'éloigner. Après un quart-d'heure environ de souffrances atroces, et émission d'urines sanguinolentes, il rendit enfin un nombre considérable de calculs rouges et de différentes grosseurs, et, entre autres un du poids de six décigrammes, ayant la forme d'un haricot. Dès ce moment les douleurs lombaires cessèrent; mais sa maladie herpétique resta stationnaire. Mon père l'engagea à se rendre à Baréges. Il fit usage des bains de cet établissement pendant un mois; et se retira parfaitement guéri des deux affections qu'il présentait à son arrivée.

2me OBSERVATION.

Une femme des environs de Pau, âgée de 50 ans, tempérament nerveux-sanguin, constitution délicate, mère de six enfants, fut prise, il y a trois ans, de douleurs cystiques très-fortes. Les bains domestiques, les boissons diurétiques, les lavements émollients et laudanisés, des embrocations de toute espèce sur le bas ventre, rien ne peut calmer la malade. Un médecin distingué est consulté; il propose, outre les bains déjà employés, l'application de sangsues et la saignée. L'exploration de la vessie ne fit rien reconnaître dans cet organe. Après deux ans de souffrance et en désespoir de cause, il fut décidé qu'elle tenterait l'usage des eaux sulfureuses. Elle se rendit à Cauterets, dont les bains et la boisson l'excitèrent au plus haut point. La saison d'après, elle se rendit à St-Sauveur où elle prit des bains à 30° centigrades, et l'eau en boisson. Huit jours se passèrent sans changement dans l'état de la malade. Plus tard, il y eut une petite amélioration. Un jour enfin, pendant qu'elle était au bain, elle se sent prise de douleurs bien plus fortes que celles qu'elle avait endurées jusqu'alors, éprouva la sensation d'un corps étranger qui s'engagerait dans l'urètre. Les efforts qu'elle fait pour uriner sont tellement grands, qu'elle ressent un craquement qui est suivi de l'émission d'un calcul du poids de sept décigrammes, rouge et d'une forme applatie. Dès ce jour toutes les douleurs cessèrent. La malade se retira quelque temps après et put reprendre ses travaux domestiques. Elle revint la saison suivante par reconnaissance et non par besoin.

3ᵐᵉ OBSERVATION.

M. C***, de Toulon, âgé de 38 ans, d'un tempérament sanguin, d'une constitution robuste, marin depuis quatorze ans, se rendit à St-Sauveur, atteint de douleurs permanentes à la région lombaire, et d'un catarrhe vésical. Le malade avait eu plusieurs accidents syphilitiques depuis 1828 jusques en 1837, époque à laquelle il fit un voyage. De retour, il éprouva une affection du bas-ventre avec grande irritation des voies urinaires : le médecin qu'il consulta, diagnostiqua une cystite qu'il essaya de combattre par des boissons mucilagineuses et des bains émollients tempérés. Le malade suivit ce traitement pendant deux mois, mais fatigué de n'obtenir aucun résultat satisfaisant, il se rendit à Paris pour y consulter M. Civiale. Ce praticien distingué trouvant le malade avec un suintement chronique et des rétrécissements de l'urètre lui passa des bougies, apprit même à M. C*** à pratiquer lui-même cette opération afin qu'après qu'il l'eût quitté, il n'eût besoin d'aucun homme de l'art pour continuer un traitement qui consistait à arriver à pouvoir introduire librement des bougies des nᵒˢ 11 et 12, résultat qu'il obtint deux mois après.

Cette médication ne fut pas plus favorable que la précédente. Le malade cependant se remit à naviguer, mais, durant son voyage, il souffrit beaucoup. Alors se manifestèrent des douleurs très-intenses dans la région cystique. De retour et malgré les souffrances qu'il avait endurées, M. C*** fit un autre voyage, pendant lequel il s'aperçut que ses urines étaient très-bourbeuses, et déposaient comme de la purée (expression du malade). Elles devinrent aussi plus abondantes, et le besoin de verser très-fréquent, quoiqu'il transpirât beaucoup et facilement. Son caractère s'altéra; il devint triste, morose, incapable de rien entreprendre. Des sueurs nocturnes se manifestèrent.

Après avoir passé l'hiver en famille et sur les avis de M. Civiale, il se rendit à St-Sauveur pour faire usage des eaux. On lui prescrivit des bains à 35° centigrades, et l'eau de la source même en boisson; on en porta graduellement la dose à huit verres par jour. Après quinze jours de ce traitement, joint à une bonne et convenable alimentation, et un exercice très-modéré, le malade fut pris tout-à-coup d'accident de pléthore. Une forte toux se manifesta, on dut faire suspendre les bains et employer sans retard un traitement antiphlogistique. Durant cette période de huit ou dix jours, le malade s'aperçut qu'à mesure que son rhume diminuait, ses urines devenaient plus abondantes, très-fétides, et charriaient un dépôt blanchâtre qui, séché au soleil, ressemblait à de la chaux pulvérisée, et répandait une forte odeur d'acide urique. Ce mouvement critique dura une douzaine de jours. Ce qu'il y eut de particulier c'est que le dépôt des urines changeait très-souvent de couleur qui variait d'un beau blanc à un gris terne; lorsqu'il avait cette dernière nuance, il était plus rappeux. Les derniers jours, ce dépôt fut filandreux; desséché, il produisait des pellicules très-fines.

Lorsque tous les accidents inflammatoires eurent disparu, le malade reprit les bains, et partit, après deux mois de séjour à St-Sauveur, bien rétabli, sans

avoir éprouvé d'autre accident, et rien offert qui mérite d'être rapporté.

4me OBSERVATION.

M. C***, de Tarbes, âgé de 60 ans, tempérament
sanguin, constitution forte, ancien militaire, ayant
toujours mené une vie assez irrégulière, était atteint,
depuis trois ou quatre ans, de douleurs arthritiques
aux extrémités inférieures. Plus tard, il ressentit des
symptômes graveleux qui lui donnèrent de vives in-
quiétudes. Alors que les souffrances provoquées par
cette dernière affection arrivèrent progressivement à
un état de violence extrême, son médecin lui conseilla l'usage des eaux de St-Sauveur. A son arrivée
dans l'établissement, il ne fit part que de sa maladie
calculeuse. Ses urines déposaient constamment au
fonds du vase une plus ou moins grande quantité
de particules briquetées, très-brillantes lorsqu'on les
avait séchées. Outre ce symptôme, le malade paraissait jouir d'une excellente santé. Il fut immédiatement mis à l'usage des bains à 35° centigrades et
à la boisson copieuse des eaux qu'il supportait très-
bien. Dès les premiers bains, il commença à ressentir
des douleurs assez intenses à la région des reins
et sur le trajet des urètres ; les urines devinrent plus
abondantes et charriant une plus grande quantité de
sable. Il urinait dans son bain jusques à sept fois
dans trois quarts-d'heure, durée ordinaire de l'immersion. Peu de jours après, les douleurs se firent

ressentir aussi à la vessie, et devinrent si intenses, qu'il fut obligé de suspendre des bains qui nécessitent, pour les prendre, une position que le sujet ne pouvait plus supporter. Des sangsues à l'anus furent appliquées; des fomentations émollientes, des boissons mucilagineuses furent mises en usage; le malade rendit enfin une quantité innombrable de graviers dont le plus petit avait la grosseur d'un grain de chenevis.

M. C***, occupé toujours de sa maladie calculeuse, ne songea jamais à parler de sa première affection. Ce ne fut qu'après son séjour de deux mois à St-Sauveur, qu'il se rappela ses atteintes de goutte; mais à son départ, il ne souffrait plus de son appareil urinaire, et le gonflement et les douleurs arthritiques avaient totalement disparu. Dans cette double cure, le résultat obtenu pour les deux affections n'a pas été le même; car, deux saisons suivantes, M. C*** était revenu pour finir de combattre sa maladie graveleuse; tandis qu'il n'avait plus ressenti d'atteintes de goutte.

5me OBSERVATION.

M. B***, de Rabastens, âgé de 55 ans, tempérament sanguin-nerveux, constitution forte, ayant toujours eu un genre de vie assez désordonné, fut pris tout d'un coup de douleurs très-violentes aux orteils, avec gonflement et rougeur. Le médecin qui lui donna des soins diagnostiqua une attaque de goutte, et employa les moyens indiqués en pareil cas, qui produisirent un bon effet. De nouvelles attaques se manifestèrent avec une succession tellement rapide que la goutte devint permanente, et força le malade à garder un repos absolu. Deux ans se passèrent à essayer les différents remèdes préconisés même par les empiriques, mais tout fut employé sans succès. A cette première affection vinrent se joindre plus tard des douleurs fréquentes de vessie, des urines ardentes et qui contenaient parfois comme de la brique pilée. Un médecin de la ville de Tarbes fut consulté. Il engagea le malade à se rendre à St-Sauveur pour y faire usage des eaux. Ce fut sous le double poids de douleurs goutteuses et graveleuses qu'il arriva dans cet Établissement thermal. Il prit des bains à 35° centigrades, et buvait quatre verres d'eau par jour. Quatre hommes étaient nécessaires pour le porter de son lit au bain, et le rapporter. Dès le premier jour, immédiatement après son bain, il dormit une heure sans qu'on pût rien surprendre qui dénotât qu'il éprouvait quelque souffrance. Après ce court sommeil, il se réveillait couvert d'une sueur assez abondante pour devoir le changer de linge. Trois semaines se passèrent sans plus d'amélioration. Enfin, un mois après son arrivée, le malade vit ses articulations n'être plus aussi tuméfiées, et pouvant exécuter quelques mouvements. Il se sentait la force de faire quelques pas qu'il n'osait prolonger à cause des douleurs produites par la sensibilité extrême de la plante des pieds, lorsqu'il voulait les appuyer, et qu'il comparait à la sensation que produirait une épingle qu'on introduirait dans les chairs. L'état de l'appareil urinaire devint meilleur; les urines furent plus abondantes et moins cuisantes; elles ne charriaient plus. Après deux mois de séjour et sous l'influence seule des eaux, ce malade rentra dans sa famille dans un état normal de santé.

Il est venu chaque nouvelle saison à St-Sauveur. Il n'a plus éprouvé d'atteinte ni de l'une ni de l'autre affection.

La conclusion à tirer des faits qu'on vient de lire, et de tant d'autres que je pourrais rapporter, n'est pas que les eaux jouissent d'une vertu réellement lithontriptique. Pour qu'on pût la leur accorder, il faudrait supposer l'existence d'un travail chimique dans les reins ou la vessie, et cette supposition ne serait rien moins qu'absurde. La généralité des effets obtenus doit être rapportée à une action purement vitale que déterminent les eaux, et de cette manière on se rend compte facilement de ce qui a été observé. Que se passe-t-il, en effet, chez un individu atteint de gravelle? La formation, la présence des premiers graviers provoque dans les reins ou la vessie une irritation assez forte, parfois même de l'inflammation. Ces organes, par les traitements antiphlogistiques qu'on fait, avec raison, subir au sujet affecté, finissent non par s'habituer à la présence de ces corps étrangers, mais par arriver à un état de débilitation ou d'insensibilité, qui peut faire croire momentanément à la cure de l'affection. Si, plus tard, de nouveaux symptômes, des signes pathognomoniques se

présentent, on donnera les remèdes préconisés contre
la gravelle : les diurétiques, les alcalins long-temps con-
tinués. Ce mode de traitement détermine bien un surcroît de sécrétion, un changement de nature des urines
qui, entraînant quelques calculs, dégagent ainsi les
reins et la vessie, en empêchent de nouvelle formation
parfois, et le malade ressent un mieux sensible. Mais,
alors aussi, sous l'influence de ce traitement, ces
organes se fatiguent beaucoup, ils perdent de leur
ton ; les conduits excréteurs, non habitués au contact des urines ainsi modifiées, se crispent et n'offrent plus dès-lors un calibre suffisant pour la sortie
des graviers, si les organes avaient encore la force
de les expulser. De plus, si un de ces corps, je
suppose, vient à s'engager dans les urètres dont le
trajet n'est plus uniforme, ce sont des douleurs intolérables ; s'il arrive, au contraire, dans la vessie,
qui ne puisse s'en débarrasser, il sert de noyau,
des couches successives se forment, et l'œuvre du
chirurgien arrive à grands pas. Supposant maintenant que tout les calculs aient été rendus à l'aide
de ce traitement, et que le malade soit guéri, ce bien-
être ne sera que momentané. Sitôt la médication
abandonnée, les urines reprendront leur première
nature, et tant que l'organe sécréteur ne sera pas
modifié, on aura à redouter une succession d'accidents contre lesquels, après un certain temps, les
remèdes qui les combattaient au début avec avantage, n'auront plus aucune action.

Faut-il conclure de ces réflexions, que les eaux

sulfureuses de St-Sauveur aient toujours infaillible-
ment réussi? Non ; mais cependant, sur le nombre
de calculeux qui sont venus réclamer les bienfaits
de cette source, si tous n'ont point obtenu le résultat qu'ils en attendaient, ils n'ont cependant jamais été trompés dans leur espérance d'y trouver au
moins un grand soulagement. Car ces eaux, dans
ce cas morbide, ont un double avantage : non-seulement elles augmentent la sécrétion des urines, elles
ont encore une vertu tonique qui doit se porter de
préférence sur les organes urinaires, par la seule
raison qu'elles sont diurétiques. Ces deux propriétés
réunies sont pour moi la seule cause de la vertu
qu'elles possèdent, qu'on est convenu d'appeler lithontriptique, et qu'on ne peut leur refuser. Il y a
encore une autre observation à faire, qui consiste en
ce que, c'est toujours, durant ou peu de temps après
le bain, que les graveleux rendent leurs calculs. Ceci
provient de l'état de relàchement ou mieux de sou-
plesse que ces eaux si balsamiques communiquent
aux tissus qui se trouvent en contact immédiat avec
elles. L'état spasmodique que ferait naître la présence d'un calcul engagé dans le canal de l'urètre
ne peut se produire aussi fort, et le corps étranger
ne trouve plus, à parcourir le trajet, les difficultés
qui seraient inévitables sans ces bains.

J'ai dit, plus haut, que généralement les eaux de
St-Sauveur n'agissaient pas comme lithontriptiques.
Cependant il se présente des cas où l'on est forcé,
pour se rendre compte des effets produits, d'admettre

qu'elles ont une vertu lithontriptique quelconque. L'observation n° 3 en est un exemple frappant. Les eaux chez ce sujet ont produit la dissolution d'un ou plusieurs calculs. Cette poussière tantôt blanche, tantôt grise, qui a été rendue par le malade, n'était autre chose que la destruction successive des couches d'un calcul ou de graviers. Je ne crois cependant pas à l'existence d'un travail chimique qui se serait opéré, mais bien à une opération tout-à-fait physique. Le renouvellement rapide, l'expulsion fréquente des urines empêchaient d'abord de nouveaux dépôts dans la vessie [1], et, de plus, faisaient subir une espèce de dissolution, ou mieux détruisaient l'adhérence des molécules qui composaient les calculs ou graviers, mais sans décomposition proprement dite.

Voici, d'ailleurs, une expérience qui a été faite par mon père. Il a exposé, pendant un an, des calculs de différents poids et de différente nature, dans le réservoir de l'établissement. Lorsqu'il voulut les retirer, il en retrouva une partie ayant conservé le même poids, la même dureté et la même couleur; il n'y eut que ceux à base de chaux qui étaient tombés en détritus, et, que pour cette raison, il ne put soumettre à l'expérience pour savoir s'ils avaient conservé le même poids et le même volume.

---

[1] Chez l'individu qui nous a fourni cette observation, pas plus que chez ceux qui en ont fourni de semblables, on n'a jamais eu de symptômes de gravelle dans les reins.

2° Catarrhes de vessie.

La manière dont je viens d'expliquer l'action des eaux de St-Sauveur dans les cas d'affection calculeuse me dispenserait à la rigueur de traiter un état pathologique dont j'aurais pu intercaler les observations avec les premières. Les eaux agissent contre les catarrhes de vessie de la même manière : elles réussissent dans cette maladie à cause de leurs propriétés diurétique et tonique si favorables chez les graveleux. J'aurais bien ici l'occasion de parler des effets des injections dans la vessie, à l'aide d'une sonde à double coulant, mais ce mode d'administration des eaux est si rarement employé que je ne m'en occuperai pas. Je me contenterai par conséquent de citer quelques observations sans commentaire aucun.

6me OBSERVATION.

M. le marquis de L***, de Pampelune, âgé de 35 ans, tempérament lymphatique-nerveux, avait eu trois gonorrhées successives, qui toutes furent traitées par les injections astringentes. La dernière, plus rebelle que les précédentes, fit entreprendre au malade le voyage de Montpellier pour y consulter un médecin. Le professeur distingué, aux soins duquel il se confia, crut que l'écoulement plutôt muqueux que purulent que présentait le malade, tenait à un état de débilitation des organes. Le jet d'urine était très-petit, quelquefois biffurqué, mais sans douleur. Il sonda le malade et reconnut des rétrécissements qu'il cautérisa à plusieurs reprises. Il soumit de plus le sujet à un traitement plus hygiénique que médicamenteux.

Après deux mois de cette médication, l'écoulement avait cessé. Les urines coulaient à plein jet, et le malade se croyait guéri, lorsqu'il est pris subitement de douleurs corrrespondant au sphincter de la vessie, avec un écoulement excessif d'un mélange de pus et d'une matière albumineuse, l'appétit presque nul, et les fonctions digestives se faisant fort mal. Les souffrances devenaient intolérables chaque fois qu'il allait à la selle. Il dépérissait de plus en plus tous les jours. Plusieurs médecins ayant été réunis, il fut décidé que le malade ferait le voyage des Pyrénées pour faire usage des eaux sulfureuses. Celles de St-Sauveur furent préférées, comme les plus analogues au tempérament du sujet. Lorsqu'il arriva, il était pâle, pensif, dans une inertie presque complète. Son écoulement était tellement abondant qu'il trempait trois ou quatre serviettes par jour; ses urines bourbeuses. Il fut mis à l'usage des bains les plus tempérés et de l'eau ferrugineuse de Viscos pour boisson. Il lui fut conseillé de faire, durant son bain, des injections urétrales fréquentes. Sous l'influence de ce traitement, joint à une alimentation tonique et un exercice modéré, il y avait du mieux le dixième jour. L'écoulement avait beaucoup diminué, le moral s'était raffermi. Le malade conçut l'espoir d'une guérison dont il désespérait avant. Depuis cette époque, le bien fut toujours croissant, et deux mois de ce traitement suffirent pour obtenir une guérison complète. Nous avons vu depuis lors M. le marquis de L*** régulièrement toutes les saisons à St-Sauveur dans un état parfait de santé.

7ᵐᵉ OBSERVATION.

M. S***, de St-Girons, âgé de 30 ans, tempérament sanguin, constitution robuste, docteur en médecine, avait contracté, pendant ses études, une affection syphilitique qui fut guérie; mais des rétrécissements urétraux s'ensuivirent. On les traita par la cautérisation à dix ou douze reprises différentes. Les légers accidents que ces rétrécissements causaient au malade, furent, après les diverses cautérisations, remplacés par un écoulement muqueux très-abondant et continuel. M. S*** employa vainement les eaux d'Ussat pendant toute une saison. Un de ses confrères de Toulouse l'engagea à faire l'essai de celles de St-Sauveur. Il suivit ce conseil. Il arriva dans ce dernier établissement, ayant conservé l'image de la santé la plus parfaite, mais son moral affecté au dernier degré. Des idées de suicide même s'étaient emparées de lui. Ses urines faciles et toujours très-bourbeuses; point de douleur, mauvais sommeil; l'appétit bon, quoique les digestions fussent laborieuses. On le mit à l'usage des bains à 35° centigrades; il faisait des injections durant l'immersion. L'eau de la source en boisson lui fut prescrite, ainsi qu'une alimentation tonique et des pilules savonneuses de temps en temps pour faciliter les digestions qui étaient pénibles. On lui conseilla aussi la fréquentation de la société comme diversion à ses idées malheureuses.

Le malade conservant soigneusement ses urines, s'aperçut, après quelques jours de ce traitement, qu'elles déposaient moins, que leur couleur avait changé. Il commença alors à concevoir quelque espérance ; il devint moins soucieux, et n'aima plus autant la solitude. Ce mieux augmenta progressivement pendant les deux mois qu'il passa à St-Sauveur. Le malade partit après ce laps de temps à peu près guéri. Nous l'avons vu revenir la saison suivante, mais sans nécessité, et parfaitement rétabli.

8me OBSERVATION.

M. N***, consul à Marseille, âgé de 60 ans, tempérament bilieux, constitution qui paraissait avoir été très-forte, avait subi, deux ans avant son arrivée à St-Sauveur, l'opération de la taille. Son frère atteint d'une affection herpétique, se rendit dans notre Établissement thermal, comme moyen préparatoire à l'usage des eaux de Baréges. Le premier fit part à mon père, qui les voyait chaque jour, des accidents qu'il éprouvait. Il attribuait d'abord à son âge avancé, et surtout à l'opération qu'il avait subie, les envies très-fréquentes d'uriner, la nécessité où il était de porter continuellement une bouteille pour recevoir les urines

qu'il perdait involontairement; le dépôt considérable
et très-fétide qu'elles produisaient, les douleurs sour-
des, plutôt incommodes que souffrantes qu'il ressentait
dans la vessie, et qui se prolongeaient jusqu'au gland,
tout cela datait de l'époque de l'opération. D'après ces
symptômes et l'âge du malade, son médecin ordinaire
était persuadé qu'il n'avait rien à faire, et qu'il devait patiemment supporter son mal. Il lui avait simplement indiqué un régime à suivre. Mon père l'engagea à prendre quelques bains, persuadé d'avance
qu'il ne s'en trouverait pas plus mal, et ne se doutant
certes pas du bien qu'il devait en éprouver. Malgré
la grande antipathie du malade pour toute espèce de
remède, il se soumit cependant à employer les eaux
en bains et boisson. Mais il en ressentit un si grand
bien, que lorsque son frère partit pour Baréges, lui
voulut rester à St-Sauveur. Il y passa encore un mois,
et partit de cet établissement dans un état aussi satisfaisant que son âge le permettait.

3° Leucorrhée. — Métrarrhagies asthéniques.

Voici un genre de maladie qui se présente fréquemment, qui nous fournit même la plus grande
partie des malades qui fréquentent l'établissement
thermal de St-Sauveur. L'action tonique et vulnéraire
de la source est des plus actives contre les leucorrhées,
et mérite réellement la confiance des sujets si nom-

breux qui viennent lui réclamer ces vertus si favorables contre cette affection.

9me OBSERVATION.

Mme B***, de Bordeaux, âgée de 36 ans, tempérament lymphatique-nerveux, avait des fleurs blanches depuis sept ans. Cette perte était la suite d'un
accouchement très-laborieux. Elle présentait une ulcération au col de l'utérus, et prolapsus de cet organe.
La menstruation était régulière, mais moins abondante
que dans l'état normal, et précédée de douleurs vio-
lentes et de gonflement de l'abdomen. On avait employé contre cette leucorrhée, et suivant les symptômes qui se présentaient, des bains de siége, des
injections astringentes et narcotiques, des frictions
mercurielles et belladonnées, des lavements émollients,
des applications de sangsues, des vésicatoires et des
synapismes; et ces diverses médications n'avaient produit aucun résultat satisfaisant. A son arrivée, elle
fut mise à l'usage des bains à 33° centigrades. Des
douches ascendantes vaginales lui furent prescrites,
et des injections pendant la durée du bain. On lui
conseilla l'usage du café de glands de chêne chaque
matin, et l'eau ferrugineuse de Viscos pour boisson.
Après un mois et demi de ce traitement, la leucorrhée
avait cessé, et la malade était dans un état de santé
très-satisfaisant.

10ᵐᵉ OBSERVATION.

Mᵐᵉ C***, d'Areis, âgée de 26 ans, tempérament lymphatique-nerveux, constitution délicate, femme de ménage, était atteinte de fleurs blanches depuis l'époque de son mariage qui remontait à 5 ans. Elle n'avait point eu d'enfants; elle croyait cependant avoir eu une fausse couche. Elle vint à St-Sauveur avec des douleurs très-intenses aux fosses iliaques, sans gonflement, grande faiblesse de la colonne vertébrale, sensibilité extrème des parties génitales. Le toucher faisait reconnaître un léger abaissement de l'utérus, et la déviation de cet organe à gauche. On avait employé des bains domestiques, des injections émollientes et narcotiques, etc., mais sans succès. A son arrivée, elle fut mise à l'usage des bains à 31° centigrades, des douches ascendantes et de l'eau ferrugineuse en boisson. Après cinq semaines de ce traitement, cette malade partit de l'Établissement très-bien rétablie.

11ᵐᵉ OBSERVATION.

Mᵐᵉ C***, de Toulouse, âgé de 30 ans, tempérament lymphatique très-prononcé, constitution assez forte, femme de ménage, était atteinte de leucorrhée depuis 7 ans. Elle avait eu, à cette époque, un accouchement très-heureux. Elle présentait une ulcération au col de l'utérus, prolapsus de cet organe qui était le siége de douleurs très-violentes; menstruation irrégulière et douloureuse; impossibilité de marcher et de rester debout; jambes très-faibles quoique ayant conservé leurs proportions musculaires; teint satisfaisant, appétit bon, mais les digestions pénibles. On avait voulu combattre la maladie de ce sujet par des demi-bains émollients et narcotiques, des injections de même nature, la cautérisation. Plus tard, on conseilla les bains d'Ussat, dont Mme C*** fit usage pendant trois saisons successives. Rien ne produisit le plus léger amendement. Cette malade vint à St-Sauveur, et les bains à 32° centigrades, les injections, les douches ascendantes, continuées pendant deux mois régulièrement, la guérirent très-bien de son affection.

12me OBSERVATION.

Mlle D***, de Toulouse, âgée de 36 ans, tempérament bilieux-nerveux, constitution assez forte, était atteinte de leucorrhée depuis deux ans, et sans qu'elle pût la rapporter à aucune cause. Son état était : débilité d'estomac, anorexie, pâleur, maigreur, douleur aux fosses iliaques, menstruation irrégulière, palpitations de cœur. On avait essayé de combattre ces divers symptômes par des bains domestiques, les préparations ferrugineuses, de digitale, et l'application de sangsues. L'état de la malade ne changeant pas, on lui conseilla, deux saisons successives, les bains d'Ussat. L'usage des eaux de cet établissement thermal ne furent pas plus favorables que le premier traitement. Elle vint alors à St-Sauveur, toujours dans le même état. Les bains à 31° centigrades, l'eau ferrugineuse de Viscos en boisson, les douches ascendantes, l'exercice à cheval ramenèrent cette malade à la santé après six semaines de cette médication.

13ᵐᵉ OBSERVATION.

Mᵐᵉ D***, de Paris, âgée de 40 ans, tempérament sanguin-nerveux, constitution qui paraissait avoir été forte, mais qui se trouvait usée par les exigences auxquelles la soumettait la société à laquelle elle appartenait, arriva à St-Sauveur atteinte de métrorrhagie passive. L'écoulement du sang avait lieu sans douleur, sans apparence de congestion. La malade était dans un état d'asthénie général. Les toniques, les excitants pris intérieurement, un bon régime, à l'extérieur tout ce qu'on peut employer sur les parties les plus voisines pour ranimer l'action de la matrice, rien n'avait amené le moindre résultat favorable. La perte continuait, la malade dépérissait de jour en jour. Il fut alors décidé qu'elle se rendrait à St-Sauveur pour tenter l'effet de cette source sulfureuse. Elle commença par se baigner à 30° centigrades. Durant le bain, elle fesait quelques injections vaginales. L'eau ferrugineuse de Viscos pour boisson fut prescrite ainsi qu'un régime tonique. Ce traitement, après un temps assez court, amena une légère amélioration qui, augmentant de jour en jour, décida mon père à faire prendre des douches ascendantes à la malade, moyen qu'il n'avait encore osé employer. Ces douches produisirent des effets si heureux que la malade se permit d'en prendre de plus que celles qu'on lui permettait. Des accidents de congestion vers la matrice furent provoqués; les bains sulfureux durent être remplacés par des bains émollients, et les douches par des injections de même nature; l'application de sangsues fut nécessaire; cet état de l'utérus fut avantageusement combattu à l'aide de ces moyens, et la malade put reprendre l'usage de la première médication qu'elle suivit avec docilité six semaines encore. Elle partit de l'Établissement dans l'état de santé le plus satisfaisant.

14me OBSERVATION.

Mme T***, de Toulouse, âgée de 42 ans, tempérament lymphatique-nerveux, constitution assez forte, était depuis quelques mois sujette à une métrorrhagie passive. Elle en offrait tous les symptômes et présentait de plus un ulcère au col de l'utérus. Les traitements qu'on emploie contre cette maladie avaient été employés en vain. Elle arriva, d'après le conseil de son médecin, à St-Sauveur, pour faire usage des eaux. Des bains à 31° centigrades, des injections avec l'eau de la source, des douches ascendantes, la boisson de l'eau ferrugineuse de Viscos, et une alimentation tonique la rendirent à la santé dans l'espace de 35 jours.

15ᵐᵉ OBSERVATION.

—

Mᵐᵉ de G***, d'origine italienne, âgée de 36 ans, tempérament nerveux, constitution délicate, était depuis long-temps traitée sans succès pour une métrorrhagie. Elle vint à St-Sauveur avec son médecin qui lui faisait subir, pendant qu'elle prenait les bains, un traitement convenable contre une hémorrhagie active. A l'époque de ses menstrues, que la malade redoutait beaucoup, la perte était si considérable qu'il y avait des syncopes. Mon père, qui ne fut consulté qu'un mois après que la malade fut arrivée dans l'Établissement, prescrivit un régime et une médication tout-à-fait opposés aux premiers. Il éprouva beaucoup de résistance, mais on finit cependant par se soumettre à ses prescriptions. Il conseilla un régime tonique, la boisson de l'eau de Viscos et la continuation des bains. Dès les premiers jours, le bien fut sensible. Au retour de ses époques, la malade n'éprouva plus les mêmes accidents; et, après un mois et demi de ce traitement, elle partit guérie. Elle a eu depuis lors deux enfants.

Affections nerveuses. — Chlorose.

—

Les relations qui existent entre l'hœmatose et l'inervation sont si intimes, que l'un de ces systèmes ne souffre jamais sans que cette maladie n'en détermine une correspondante chez l'autre. De la simultanéité d'action de la circulation et de la sensibilité nerveuse résulte tout ce qui se passe dans l'organisme. Ces deux fonctions commencent avec la vie, finissent avec elle, et de leur intégrité dépend la santé des organes, l'équilibre vital. On ne s'étonnera donc pas que je confonde dans une même classe les observations qui nous démontreront l'action des eaux de St-Sauveur dans les cas d'affections nerveuses et chlorotiques. Je choisirai même de préférence des exemples qui offriront, chacun, la preuve de ces deux actions. J'établirai cependant une division pour les cas de tics et rhumatismes nerveux.

16me OBSERVATION.

Mlle B***, des environs de Bordeaux, âgée de 18 ans, tempérament lymphatique-nerveux, constitution assez forte, avait été dirigée sur Cauterets. Après avoir pris une quinzaine de bains sans obtenir le moindre résultat, sur le conseil d'une personne de sa connaissance, elle se rendit à St-Sauveur. A son arrivée dans ce dernier Établissement, elle présentait une décoloration complète des joues, des lèvres, une sensibilité extrême au moindre froid, un pouls faible et lent, des palpitations au moindre exercice, et, ce qu'il y avait de plus fâcheux, une gastralgie qui ne permettait aucune digestion ; car, sitôt qu'elle prenait la moindre nourriture, elle en vomissait la plus grande partie. A l'aide des traitements préconisés contre cet état, les symptômes, les accidents, au lieu de diminuer, avaient toujours augmenté d'intensité. Mlle

B*** se baigna à 33° centigrades; on lui prescrivit l'eau ferrugineuse de Viscos pour boisson, et une tasse de café de glands de chêne à prendre chaque matin. Dès le premier bain, et malgré la crainte que cette conduite inspirait à la mère de cette demoiselle, il fut exigé que, dix minutes après l'immersion, la malade ferait son déjeuner au bain même. Les aliments qu'elle prit furent supportés avec quelque peine, il est vrai, mais elle n'en rejetta pas la moindre partie. Les bains suivants, elle éprouva successivement moins de peine à supporter l'ingestion; enfin, dans l'espace de huit jours, elle fit ses repas comme dans l'état de santé, et sans éprouver le moindre accident. Après un mois de séjour à St-Sauveur, Mlle B*** partit dans un état très-satisfaisant. Les symptômes les plus fâcheux ne se montraient plus. La pâleur existait toujours; il était à désirer pour elle qu'elle eût pu prolonger son séjour au moins d'une quinzaine.

17me OBSERVATION.

Mlle R***, de Mont-de-Marsan, âgée de 18 ans, tempérament lymphatique-nerveux, constitution délicate, atteinte de chlorose depuis six mois, époque à laquelle elle eut une suppression subite de la menstruation occasionnée par un violent chagrin, était, à son arrivée, dans l'état suivant : grande pâleur, dyspnée, palpitations de cœur provoquées par le moindre exercice, fluxion périodique paraissant chaque mois, mais d'une manière indéterminée, perte moins prolongée et moins abondante que précédemment. On avait employé les applications de sangsues, les ferrugineux, les demi-bains domestiques; mais pas la moindre amélioration n'avait résulté de ce traitement. Il lui fut alors conseillé de se rendre à St-Sauveur; elle y prit des bains à 32° centigrades, des douches dirigées sur la partie interne des cuisses; on lui prescrivit, en outre, la boisson de l'eau ferrugineuse de Viscos, l'exercice à cheval. A l'aide de ce traitement, la malade quitta l'établissement après trente-cinq jours; elle était très-bien rétablie.

18me OBSERVATION.

Mlle C***, de Rennes, âgée de 20 ans, tempérament nerveux, constitution délicate, se trouvait dans l'état le plus alarmant qui puisse résulter d'une chlorose. Les médecins cherchaient en vain à combattre depuis long-temps cette affection; aucun traitement ne produisait même un léger soulagement. Une consultation fut provoquée; elle décida qu'après tout ce qui avait été fait, il ne restait plus que l'essai des eaux sulfureuses naturelles. La source de St-Sauveur eut la préférence. L'état de la malade, à son arrivée, était tel que la moindre action produisait un évanouissement; sa seule nourriture consistait en fort peu de lait, heureuse encore lorsqu'elle pouvait en faire la digestion. L'espoir d'une cure était impossible; cependant, à l'aide du traitement que nous voyons se répéter dans toutes les observations précédentes,

cette malade, après deux mois et demi de séjour à
St-Sauveur, se livrait à presque tous les exercices de
son âge, ses fonctions s'étaient bien rétablies. L'année
d'après, nous apprîmes par des personnes que sa guérison attira aux eaux de St-Sauveur, qu'elle était
mariée.

19me OBSERVATION.

M. V***, de La Réole, âgé de 25 ans, tempérament
sanguin-nerveux, constitution délicate, fut dirigé sur
St-Sauveur par son médecin, plutôt pour procurer un
peu de distraction à ce malade que dans l'espoir de
le guérir de son état chlorotique. Il présentait à son
arrivée une gastralgie assez intense, et des palpitations de cœur continues. Les traitements antispasmodiques et toniques qu'on employait depuis long-
temps, n'avaient pu enrayer la marche rapide de la
maladie vers le marasme et l'anémie. Dès son arrivée,
il fut mis à l'usage des bains à 32° centigrades et de
la boisson de l'eau ferrugineuse de Viscos. Les premiers bains firent presque disparaître les palpitations;
la gastralgie se montra toujours avec la même intensité jusque vers le quinzième bain. Mais, depuis
cette époque, le malade vit, chaque jour, son état devenir meilleur, et sourtout à partir du vingtième, et alors
que des hémorroïdes se déclarèrent; on favorisa cette
crise à l'aide de quelques douches sur l'anus. M. V***,
après trois mois de séjour à St-Sauveur, partit de
l'établissement, avec une santé parfaite.

Tics et Rhumatismes nerveux.

Tics nerveux.

20ᵐᵉ OBSERVATION.

Mᵐᵉ D***, d'Agen, âgée de 40 ans, tempérament lymphatique-nerveux, constitution délicate, offrait, depuis un an, un double tic nerveux siégeant sur les deux tempes. Elle attribuait son mal à un accouchement très-laborieux, à la suite duquel était venu un engorgement des membres abdominaux, et des abcès qui se succédèrent pendant six mois, et plus tard l'atrophie de la cuisse et de la jambe droite.

Le tic nerveux fut cependant le seul but de son voyage. On avait essayé de le combattre par des sangsues, des vésicatoires locaux et révulsifs, des liniments narcotiques, etc. Rien n'avait soulagé la malade. Les bains à 32° centigrades sur le siége de l'affection nerveuse, des douches alternées d'eau de la source et d'eau naturelle froide la délivrèrent dans l'espace d'un mois de toute douleur. Elle eut, de plus, après ce temps, l'avantage de retrouver le mouvement dans le membre atrophié.

21ᵐᵉ OBSERVATION.

Mᵐᵉ M***, de Morlaas, âgée de 25 ans, tempérament sanguin-nerveux, constitution forte, avait un double tic nerveux siégeant aux régions temporales;

il s'était déclaré, depuis deux ans, sans cause connue.
Toutes les fonctions organiques s'exécutaient bien. Les
calmants, les narcotiques, les vésicatoires, tout ce
qu'on emploie en pareille circonstance, n'avaient
jamais produit le moindre soulagement. Les bains à
35° centigrades, les douches chaudes et froides alternées, guérirent cette affection dans vingt-cinq jours.

22me OBSERVATION.

Mlle D***, de St-Sever, âgée de 24 ans, tempérament lymphatique-nerveux, constitution assez délicate,
présentait un tic nerveux de la partie faciale gauche.
Durant les crises qu'elle éprouvait fréquemment, il y
avait une contraction si forte des muscles de la région cervicale du même côté que la tête était presque
retournée. Cette affection était survenue depuis environ dix-huit mois sans cause connue, et combattue, depuis cette même époque, à l'aide de tous
les traitements préconisés, sans le moindre succès.
Cette malade se rendit à St-Sauveur, où les eaux
la délivrèrent de ses douleurs dans l'espace d'un mois
et demi. On lui fit prendre des bains à 35° centigrades, des douches froides et chaudes alternées sur
la partie malade, et des douches simples d'eau sulfureuses sur la partie opposée. Ces dernières furent
employées pour tonifier les muscles antagonistes à ceux
qui éprouvaient des spasmes.

Rhumathisme nerveux.

25me OBSERVATION.

M. L***, de Bordeaux, âgé de 40 ans, témpéra-
ment bilieux-nerveux, constitution délicate, se rendit
à St-Sauveur pour prendre quelques bains, comme
moyen préparatoire à l'usage des eaux de Baréges. Il
était atteint d'un rhumatisme à l'articulation du coude
droit, s'irradiant sur l'avant-bras et la main. Les différents moyens employés pour combattre cet état
n'ayant procuré aucun bon résultat, divers médecins furent consultés, et les eaux sulfureuses lui furent prescrites. A son arrivée dans l'établissement de
St-Sauveur, il prit des bains à 55° centigrades, et
des douches sur la partie affectée. Après vingt jours
de ce traitement, le malade se trouvait déjà très-
bien. Il voulut cependant suivre l'avis de son médecin. Il partit pour Baréges pour terminer sa guérison commencée. Les eaux de cette source l'irri-
tèrent; ses douleurs se firent sentir de nouveau aussi fortes que jamais. Il revint à Bordeaux dans le même état
qu'à son départ. L'année suivante, il entreprit de nouveau le voyage des Pyrénées, et St-Sauveur le dé-
livra de ses rhumatismes dans l'espace d'un mois et
demi. Nous voyons, chaque saison, M. L*** dans l'É-
tablissement par reconnaissance plutôt que par besoin.

24me OBSERVATION.

M. D***, de Bordeaux, âgé de 50 ans, tempérament sanguin, constitution très-forte, souffrait d'un
rhumatisme articulaire depuis trois ans. Cette maladie se compliquait des diathèses hémorroïdaire et
néphrétique. Chaque fois qu'il y a perte hémorroï-
dale, les douleurs articulaires deviennent moindres.
On avait employé, pour modifier l'état de ce malade,
les bains de mer, les sangsues, les vésicatoires. Lors
de l'emploi de ces diverses médications, il résultait
parfois un léger soulagement, mais qui n'était que
momentané. Les bains de St-Sauveur à 33° centigrades, les douches ascendantes rectales pour provoquer les hémorroïdes, la boisson de l'eau de la
source avec addition de bicarbonate de soude, le
guérirent de son affection dans moins d'un mois.

25me OBSERVATION.

M. B***, de Marennes, âgé de 35 ans, tempérament sanguin-nerveux, constitution assez forte, arriva à St-Sauveur, atteint d'un rhumatisme articulaire
général. Les traitements antiphlogistiques et calmants
employés au moment de la période aiguë avaient modifié son état, mais cependant le malade était encore
loin de la guérison. A son arrivée, les articulations
du poignet et du genou étaient encore empâtées, dou-
loureuses au toucher; la peau pourtant était naturelle,
la marche pénible; il pouvait à peine signer. Après

l'examen, il lui fut conseillé de prendre cinq ou six
bains à St-Sauveur, et de se rendre immédiatement
après à Baréges. Mais, dès les deux ou trois premiers
bains, M. B*** ressentit déjà un bien si extraordinaire
qu'il put écrire sans peine à sa famille, promener sans
douleur; ses articulations supportèrent la pression.
A son dixième bain, son état avait tellement changé qu'il
me proposa de me joindre à lui pour une excursion
au Pic de Bergons, qu'il allait tenter à pied. Il fit
cette course, n'en éprouva pas le moindre désagré-
ment. L'action des eaux de Baréges ne fut point nécessaire comme on l'avait cru d'abord. M. B*** passa
deux mois à St-Sauveur et partit très-bien guéri de
son rhumatisme.

Le petit nombre d'observations que je cite, suffi-
sent, je crois, pour prouver les propriétés particulières aux eaux de la source de St-Sauveur. L'explication de ces faits observés se trouve dans les
réflexions générales que j'ai données précédemment.
Pour me résumer cependant, je dirai que tous les
effets produits par les eaux qui nous occupent, et
dont j'ai donné quelques exemples, peuvent se rapporter à leurs vertus diurétique, tonique, vulnéraire
et antispasmodique.

www.ingramcontent.com/pod-product-compliance
Lightning Source LLC
Chambersburg PA
CBHW050620210326
41521CB00008B/1324